电网山火灾害
防御技术与应用

广东电网有限责任公司电力科学研究院　组编

樊灵孟　周恩泽　主编

U0221011

中国电力出版社
CHINA ELECTRIC POWER PRESS

内 容 提 要

本书对中国南方电网有限责任公司近年来在电网山火监测和防治领域所涉及的内容给出一个全面系统的介绍。本书主要分为六章,第 1 章为概述,第 2 章介绍空地融合的广域电网高频山火监测告警技术研究,第 3 章介绍架空输电线路山火跳闸机理,第 4 章介绍输电线路山火隐患精细评估和防治技术研究,第 5 章介绍输电线路山火监测与决策支持系统,第 6 章为结论与展望。

本书可作为电力运维部门和相关林业气象部门工程技术人员的参考书和工程师培训教材,也可作为高等院校防灾减灾相关研究领域的参考书。

图书在版编目(CIP)数据

电网山火灾害防御技术与应用/广东电网有限责任公司电力科学研究院组编;樊灵孟,周恩泽主编 . —北京:中国电力出版社,2023.12(2024.7重印)
ISBN 978 - 7 - 5198 - 7507 - 7

Ⅰ.①电…　Ⅱ.①广…　②樊…　③周…　Ⅲ.①输电线路—防火　Ⅳ.①TM726 ②X928.7

中国国家版本馆 CIP 数据核字(2023)第 185491 号

出版发行:中国电力出版社
地　　址:北京市东城区北京站西街 19 号(邮政编码 100005)
网　　址:http://www.cepp.sgcc.com.cn
责任编辑:岳　璐(010-63412339)　杨芸杉
责任校对:黄　蓓　于　维
装帧设计:赵丽媛
责任印制:石　雷

印　　刷:三河市航远印刷有限公司
版　　次:2023 年 12 月第一版
印　　次:2024 年 7 月北京第二次印刷
开　　本:710 毫米×1000 毫米　16 开本
印　　张:17.75
字　　数:258 千字
印　　数:1001—2000 册
定　　价:86.00 元

前　言

　　山火作为一种典型的自然灾害，常常会带来大量的人员伤亡和财产损失。近年来，全球气候变暖和下垫面属性变化正不断加剧山火频发的趋势。且我国在春节清明等特定节气的烧荒、祭祀等用火习俗，经常导致多个山火事件同时发生。当山火蔓延至输电线路附近时，火焰高温导致空气密度降低，大量的燃烧副产物引起局部电场畸变，以及火焰本身的高导电率，导致线路下方空气绝缘性能急剧降低，甚至引发导线相间以及导线对地的击穿事故，从而导致线路跳闸。且火焰的持续燃烧产生的高温和烟雾，线路绝缘状态难以恢复，自动重合闸成功率低，易造成大面积电网山火停运事故。我国输电通道纵横交错，绝大部分都跨越易发生山火灾害的山区林地。比如中国南方电网有限责任公司（以下简称南方电网）已建成"八交十一直"超特高压输电通道，存在多处重要输电通道，走廊海拔跨度大、地形地貌、植被类型复杂。一旦发生山火跳闸事件，产生的电能输送中断将可能引起非常严重的国民经济损失。

　　南方电网自 2015 年起协同武汉大学、长沙理工大学、国家卫星气象中心等研究机构开展输电线路山火监控和防治工作的研究，开展了大量的空气绝缘山火击穿试验，掌握了输电线路山火跳闸的多因素影响机制，提出了天地融合的电网高频度山火监测告警技术，并绘制了输电线路山火风险分布图和山火跳闸隐患区段分布图，极大程度地提高了电网抵御山火灾害的能力。

　　本书将对南方电网近年来在该领域所涉及的内容给出一个全面系统的介绍。本书共分六章。第 1 章为概述，主要内容包括研究背景和国内外其他研究机构在该领域的研究现状。第 2 章为空地融合的广域电网高频山火监测告警技术研究，主要介绍利用静止气象卫星实现复杂环境下的山火精准定位和判识方法，常见的输电杆塔多参量融合山火监测装置及智能识别原理，以及如何利用多源气象卫星和在线监测装置实现空地协同融合的山火告警的方法。第 3 章为架空输电线路山火跳闸机理研究，主要介绍近年来南方电网的山火跳闸分布规律，典型植被火条件下输电线路长间隙的绝缘失效规律，以及架空输电线路山火跳闸风险评估方法。第 4 章为输电线路山火隐患精细评估和防治技术研究，主要包括输电线路山火风险分布图的绘制方法，基于无人机激光雷达点云和多光谱相机的输电通道特征识别技术，以及输电线路山火隐患评估方法。第 5 章为输电线路山火监测与决策支持系统，主要包括系统架构介绍、系统功能介绍和系统应用介绍。第六章为结论与展望。

本书由樊灵孟高级经理整体策划，编写大纲，最后对各章节的内容进行修改、汇总、定稿成书。本书的编写是靠集体的力量完成的，第 1 章、第 5 章和第 6 章由周恩泽高工编写，第 2 章由周游副教授和陈洁高工编写，第 3 章由黄道春教授编写，第 4 章由周游副教授编写。王磊高工、王华清博士负责对全书的文字、图表进行编辑。对本书的最终完成做出了很大的贡献。

由于编者自身认识水平和编写时间的局限性，本书难免存在疏漏之处，恳请各位专家及读者提出宝贵意见。

编　者

2023 年 12 月 8 日

目　　录

第1章 概　　述

1.1 研　究　背　景

由于我国能源中心和负荷中心分布不均衡，需大容量、远距离传输电能，国家战略性地实施了"西电东送、南北互供、全国联网"工程，以解决发电电能丰富地区的资源向电力负荷中心远距离输送的问题，目前中国南方电网有限责任公司（以下简称南方电网）已建成的输电线路总长度达 24.8 万km，其中建成投运"八交十一直"19 项超特高压工程，送电规模超过 5800万 kW。

输电线路走廊大多位于山区、丘陵，跨越树木和植被茂密的林区，每年 10月—次年 4 月，受气候干燥及烧荒、祭祀等因素影响山火频发。近三年，南方电网输电线路走廊共发生山火达 4745 处。架空输电线路下方茂密的植被发生火灾时，植被燃烧火焰的高温、高电导率、灰烬等使得架空线路空气间隙绝缘强度显著下降，引发线路故障跳闸，且重合闸成功率较低，仅为 38.3%，严重影响电网安全稳定运行。如 2020 年 3 月 30 日山火导致新东直流等多回线路跳闸的事件，云南省多地出现山火，多回 500kV 及以上交直流线路受到山火影响。期间，云南省多回输电线路相继因山火故障停运，系统频率最高升至 50.21Hz，局部电网结构严重削弱，滇西北电网存在可能进入孤网运行的风险。2016—2020 年南网输电线路因山火灾害跳闸统计如图 1-1 所示。

电网山火监测预警与防御是提高电网应对灾害能力的必要手段。山火突发性、随机性强、持续时间长、影响范围广，容易短时造成线路大面积跳闸。山火监测主要依靠卫星遥感技术探测地表热点开展广域山火告警，及时通知运维人员开展山火查线，并根据火点与线路距离及时向调度申请调整线路运行方式，

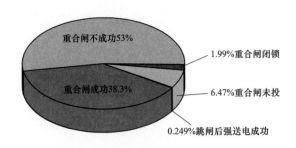

图 1-1　2016—2020 年南网输电线路因山火灾害跳闸统计

事后根据无人机巡线结果开展通道大范围清理。长期以来，电网山火防御面临复杂环境条件下山火卫星监测告警不准和定位精度不高、长间隙条件下山火空气间隙放电机理不明确、山火隐患无法精准评估及防御手段不完备等问题，山火防御的精准性和科学性亟待提升。近年来，遥感通信、人工智能等技术发展使得火点判识更为准确，试验手段和方法不断丰富完善，线路通道信息感知能力不断提升，为电网山火灾害的防御提供了新的手段和客观条件。

在此背景上，本书综合多专业相关技术，围绕电网精准山火防御的需要，系统性开展了空地融合的广域电网高频山火监测告警、植被火条件下架空线路长间隙绝缘失效机理、山火隐患精细评估相关研究，以提升电网山火灾害精准防御水平。

1.2　国内外研究现状

1.2.1　电网山火监测告警技术研究现状

20 世纪 80 年代初起，随着遥感卫星技术的快速发展，美国、加拿大和苏联等国先后开展了利用卫星探测森林火灾的实验与研究。其卫星数据主要有中分辨率成像光谱仪（moderate - resolution imaging spectroradiometer，MODIS）系列、改进的甚高分辨率辐射仪（advanced very high resolution radiometer，AVHRR）系列等。为了能够准确地判识火点，国内外学者提出了适用于 MO-DIS 的绝对阈值法、MODIS 上下文火点识别法和三通道合成法等算法，以及适用于 AVHRR 的固定阈值法、亮温植被指数法和上下文法。这些算法能够实现大规模林火的判识，但无法识别由于杂草、灌木等低可燃物下垫面引起的局部小火，从而导致输电线路跳闸。

为了实现对能够引起输电线路跳闸小面积山火的监测，国家电网有限公司输变电设备防灾减灾中心开发了基于遥感卫星的输电线路山火监测系统，采用动态阈值方法开展火点判识，并通过人工火场试验计算不同地理、季节、时间和气候等条件下的火点判识阈值，形成了一套热点粗判和火点细判的综合阈值火点判识方法。河南、福建等电网公司也先后开展了卫星火点判识算法优化的研究。但是上述算法均基于极轨卫星数据进行火点判识。受过境时间的限制，极轨卫星无法实现对目标区域进行 24h 不间断山火监测，且扫描存在监测盲区。目前虽可通过融合多颗极轨卫星数据来提高山火监测的时空分辨率，但仍然存在若干时段无法监测，易造成山火漏报现象。静止气象卫星又称地球同步卫星，其运行与地球自转同步，可对固定区域进行高频次的观测，从而实现对目标区域 24h 全时段山火监测。由于静止气象卫星自身的观测特点，其卫星高度和观测模式与极轨气象卫星有较大差异，使得传统基于极轨卫星的火点判识算法无法直接移植到静止气象卫星。由此，国内外学者在传统火点判识原理的基础上，开展基于静止气象卫星火点判识算法的研究。但是这些方法尚未考虑卫星山火监测灵敏度随远离星下点距离而降低，以及高海拔山体地形遮挡地面火情信息等地理环境因素对监测效果的影响。

国内外研究现状表明，相关研究主要集中在针对不同卫星数据、不同卫星类别以及算法普适性上，鲜有文献报道山火监测灵敏度随观测区域远离星下点而降低以及高海拔地形对卫星监测效果的影响。

1.2.2 植被火条件下架空线路绝缘失效机理研究现状

国外较早开展了模拟山火间隙击穿试验研究。但是各国学者在进行模拟山火击穿试验研究时大部分均是面向工程实际，在较为单一的试验工况下进行试验，缺乏对不同影响因素下的间隙击穿特性进行分析且由于试验布置的差异，不同学者获得的间隙平均击穿电压梯度差异性较大。

美国电力研究院（Electric Power Research Institute，EPRI）通过模拟山火试验平台进行了山火引发输电线路跳闸的相关研究。试验结果表明，相间间隙的平均击穿电压梯度为 65.0kV/m；相地间隙的平均击穿电压梯度为 49.3kV/m。巴西学者 Fonseca 通过试验模拟甘蔗叶火焰条件下输电线路放电试验分别获得相间、相地间隙的击穿特性，其相地和相间间隙的平均击穿电压梯度均为 35kV/m。加拿大学者 Lanioe R 进行了 6m 桉树火焰条件下 ±450kV 直流线路间隙放电试验。试验得出在不考虑桉树高度的情况下，平均击穿电压梯度为 62.2kV/m；考虑桉树高度的情况，平均击穿电压梯度为 32.8kV/m。

国内开展火焰条件下间隙放电机理和击穿特性的研究较晚，其中武汉大学和中国科学技术大学等机构研究较多。武汉大学研究了植被火焰高度、温度、电导率、灰烬颗粒等燃烧特征，研究了不同类型植被垛火焰的短间隙击穿特性，研究表明，在球-板电极条件下，木垛火完全桥接间隙时，间隙击穿电压梯度为 170kV/m，击穿电压显著下降，在火焰的余热和烟气条件下，间隙击穿电压梯度为 275kV/m（减去木垛高度），间隙的击穿电压梯度降低到标准条件下的 41.9%；棒-板间隙条件下，当火焰完全包络导线时，间隙在火焰中的绝缘强度下降为纯空气中的 23%。在火焰全桥接时杉木垛火焰和秸秆火焰的平均击穿电压梯度分别为 79kV/m 和 43kV/m，低于纯空气间隙绝缘强度的 20%，火焰半桥接时杉木垛火焰和秸秆火焰的平均击穿电压梯度分别为 141kV/m 和 164kV/m，尤飞等在武汉大学高压实验室利用杉木垛火研究了单股导线、双分裂导线和 4 分裂导线-板空气间隙的工频击穿特性。试验结果表明，火焰作用下，单根导线、双分裂导线和 4 分裂导线的平均击穿电压梯度分别约减小为空气中相应值的 27.3%、33.5%和 33.3%；在木垛火熄灭阶段的火羽流作用下，单根导线、双分裂导线和 4 分裂导线平均击穿电压梯度约分别减小为空气中相应值的 48.4%、39.4%和 41.3%。

国内外针对山火条件下输电线路空气间隙放电机理和击穿特性开展了较多研究，但其试验条件中的植被类型、间隙距离、火焰形态等参数与实际山火跳闸事故差异较大，因此其得到的间隙击穿特性存在局限性，导致输电线路跳闸机理的认识仍旧停留在初级阶段。目前分析山火条件下间隙的击穿机理主要有以下几种模型：空气密度下降模型、热游离模型、电导率下降模型、颗粒触发模型等。综合考虑各模型特点，认为山火条件下间隙的放电机理主要涉及火焰温度、电导率、颗粒与灰烬 3 个因素。武汉大学研究团队结合了不同种类植被燃烧下，火焰导致的击穿特性和火焰形态图，将植被火焰条件下间隙划分成火焰区以及非火焰区，提出了二段式火焰条件下间隙击穿放电模型。中国科学技术大学研究了工频高压导线间空气间隙在木垛火作用下的击穿特性，提出了基于火焰高温和空气密度下降的木垛火间隙平均击穿电压梯度计算方法。华北电力大学将间隙划分为火焰区、离子区和烟雾区，将输电线路击穿电压表示为三个区域击穿电压的线性叠加，并且用 99% 的击穿电压和标准差 P 来表示山火条件下的输电线路跳闸概率密度函数。

综合现有国内外山火条件下输电线路空气间隙放电机理和击穿特性的研究结果，高海拔、复杂地形条件下的山火间隙跳闸机理仍不明确，植被类型、植被湿度、间隙距离、火焰形态等多因素对山火间隙击穿特性的影响规律研究不足，不能充分支撑我国电网山火条件下架空输电线路跳闸风险评估、架空输电线路的设计和日常运行维护等方面需求。

1.2.3 输电线路山火隐患评估技术研究现状

山火受气候条件、人为活动、环境因素和管理保护措施等多方面的共同影响，不同地区受到的山火损失具有显著的区域性差异。科学地进行山火风险评价，绘制山火隐患分布图，有助于开展火灾预防管理工作，提高山火隐患防治工作的正确性、合理性以及针对性。

最早对山火火险等级进行评估的是气象和林业部门，主要从气象条件和植被类型的角度出发，判断未来某区域山火发生的可能性。美国、加拿大等国通过历史山火数据分析多种气象指标对山火的影响，绘制山火隐患分布区域，进行山火火险评估。美国国家火险等级系统（national fire-danger rating system, NFDRS）通过气象资料，死（活）可燃物，着火分量与蔓延分量，雷击火发生指标、人为火发生指标、燃烧指标，以及火负荷指标等计算确定森林火险等级。

加拿大火险天气指标系统中应用细小可燃物湿度码、枯落物下层湿度码和干旱码三个可燃物含水量模型反映不同变干速度的可燃物含水率。国内山火火险指标评价体系起步较晚，主要借鉴美国、加拿大等国的火险评估方法，并结合我国国情，于 1992 年颁布了 LY1063 - 92《全国森林火险区划等级》行业标准。该标准从树种燃烧类别、人口密度、平均降水量、平均气温、平均风速以及路网密度 6 个方面综合评估全国森林火险等级，未考虑地理信息、植被物候、地形地貌等因素的影响。近年来，随着遥感技术（remote sensing，RS）和地理信息系统（geographic information system，GIS）的快速发展，部分学者开始利用 RS 和 GIS 等技术进行山火火险等级的评估，但均未进入实用阶段。

在山火风险评估方面，气象部门和林业部门根据下垫面植被、燃烧载量等指标建立的大范围的森林山火风险等级评价方法无法适用于局地性较强的输电线路山火风险评估。国家电网有限公司于 2016 年发布了 T/CSEE/Z 0020—2016《架空输电线路山火分布图绘制技术导则》，该标准依据历史火点密度和植被燃烧危害等级，采用风险评估矩阵图评估山火风险等级，利用历史山火隐患和故障数据对风险等级进行修正得到架空输电线路山火分布图。在该标准的基础之上，国家电网有限公司陆佳政等综合考虑降水要素、卫星监测热点要素、工农业用火要素以及架空输电线路隐患点要素，采用专家赋权法评估评估湖南省输电线路山火风险等级，但并未考虑地形对山火蔓延和植被类型对山火跳闸的影响。国网安徽省电力有限公司的谢辉等考虑了地形要素、植被类型要素、气象要素以及山火隐患要素，绘制了安徽省内架空输电线路风险分布。但地形要素仅从人为活动的角度出发分析不同地形的重要度，未考虑地形对山火蔓延等特性的影响；植被要素仅依据不同植被类型燃烧时火焰高度来决定植被风险等级，未考虑植被燃烧产生的浓烟也是影响输电线路山火跳闸的重要因子。

通过对比分析国内外山火风险评价方法和火险区域划分导则的研究不难发现，现存技术在选取影响火险指标体系只考虑了部分因素，忽略了山火火险的复杂性，没有建立健全的评价指标体系，导致风险评估结果具有片面性；在研究方法上，大多采用简单的叠置和加权叠置等方法对山火火险进行分类区分，并未深入考虑各影响要素之间的相互关系，没有提出具备普适性的山火火险评估方法；在研究对象上，通常以一个或多个省为对象进行评估；在针对输电线路山火风险评估上，仅从自然要素角度片面地评估山火风险等级，未从输电线路山火跳闸特性、线路对地距离及线路重要度等角度出发综合评估电网运行风险。

第 2 章　空地融合的广域电网高频山火监测告警技术研究

2.1　复杂环境下的卫星山火定位及变时空判识方法

卫星遥感监测具有视点高、视域广、时效快和频次高的特点,具有传统监测方法无法比拟的优势。近年来卫星遥感已广泛应用到山火监测中,但由于其特殊的观测原理、像元灵敏度和卫星定位特性等因素,当火点处于云层、烟雾遮挡的复杂环境或地表火势较小时,易出现火点无法精确定位,造成误告警或漏告警。针对目前卫星遥感在复杂环境下山火监测存在的技术问题,本书从火点精确定位、火点精准判识等方面提出了基于变时空尺度的山火判识方法。

2.1.1　卫星监测山火精确定位

南方电网所辖区域地理环境复杂,云贵高原地区偏离静止卫星星下点距离较远,且海拔高、地形起伏大、长时云层覆盖范围多,卫星遥感山火监测易受山体遮挡和高海拔地形等引起的定位偏移影响,出现火情漏报或延报。云南、贵州所辖区域的定位精度不足 60%,为火点确认和山火扑救带来了较大影响。本书利用 2018—2020 年南方电网辖区内的"葵花 8 号"静止卫星数据以及海岸线、湖泊等矢量数据,结合 30m×30m 高精度高程数据,分析地形对卫星监测山火效果的影响,在原有卫星定位技术基础上开展定位精确校正研究,其技术路线如图 2-1 所示。

1. 坐标定位精校正数学模型

遥感图像在成像时造成图像几何失真的原因主要有六种,分别是传感器成像方式、传感器外方位元素、地形起伏、地球曲率、大气折光和地球自转。而图像失真程度随着监测像元距离卫星下点的远近会产生很大差异，在高海拔地区尤为明显。因此需对遥感图像进行几何处理减小图像的失真变形。

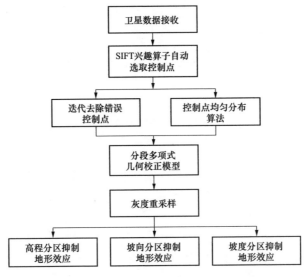

图 2-1　卫星遥感山火精确定位技术路线

遥感图像的几何处理包括两个方面，分别为遥感图像的粗校正和精校正处理。由于大多数卫星的轨道及成像参量数据的保密性，直接利用图形处理构建模型进行严格几何校正缺乏原始数据。因此在实际应用中通常基于地面控制点对星载遥感影像进行几何精校正，常用的算法有仿射变换模型和一般多项式模型。

在欧氏空间中，如果 3 个点在映射变换前后均是共直线的，则定义该映射为仿射映射。而在平面内，通过仿射变换将一个图形变成另一个图形，则称这两个图形是仿射等价的。因而可以证明，位于同一平面上的任意两个三角形是仿射等价的；位于同一空间内的任意两个四面体是仿射等价的。在二维空间中的仿射变换 T 将点 $\boldsymbol{X} = \begin{bmatrix} x \\ y \end{bmatrix}$ 变换为 $\boldsymbol{X}_a = \begin{bmatrix} x_a \\ y_a \end{bmatrix}$ 可用式（2-1）表示。

$$\begin{bmatrix} x_a \\ y_a \end{bmatrix} = \begin{bmatrix} a_{11} & a_{12} \\ a_{21} & a_{22} \end{bmatrix} \begin{bmatrix} x \\ y \end{bmatrix} + \begin{bmatrix} b_1 \\ b_2 \end{bmatrix} \tag{2-1}$$

写成矩阵形式为

$$X_a = A \cdot X + B \tag{2-2}$$

其中，$\det\{A\} \neq 0$，可保证将二维空间内目标的成功映射。若 $\det\{A\} = 0$，则二维目标将被映射为一条直线。

仿射变换中含有 6 个参数，对这些参数施加特殊限制就可以得到一些熟悉的变换：

（1）$a_{11} = a_{22} = \cos\varphi$，$-a_{21} = a_{12} = \sin\varphi$，代入式（2-2），则得到旋转和平移变换；

（2）$a_{11} = a_{22} = a$，$-a_{21} = a_{12} = 0$，$b_1 = b_2 = 0$，则得到几何中的同位相似，即图像中的尺度变换；

（3）$a_{11} = a_{22} = 1$，$a_{12} = k$，$a_{21} = 0$，$b_1 = b_2 = 0$，则得到剪切变换。

多项式校正模型是一种直接对图像变形本身进行数学模拟的校正方法。由于遥感图像的几何变形由多种因素引起，变化规律十分复杂，因此将遥感图像的变形简化为平移、缩放、旋转、仿射、偏扭、弯曲以及更高次基本变形综合作用的结果，并用一个适当的多项式来描述校正前后图像相应点之间的坐标关系。具体方法为利用地面控制点的图像坐标和其同名点的地面坐标通过平差原理计算多项式中的系数，然后用该多项式对图像进行校正。

一般多项式校正模型公式为

$$\begin{cases} x = a_0 + (a_1 X + a_2 Y) + (a_3 X^2 + a_4 XY + a_5 Y^2) \\ \qquad + (a_6 X^3 + a_7 X^2 Y + a_8 XY^2 + a_9 Y^3) \\ y = b_0 + (b_1 X + b_2 Y) + (b_3 X^2 + b_4 XY + b_5 Y^2) \\ \qquad + (b_6 X^3 + b_7 X^2 Y + b_8 XY^2 + b_9 Y^3) \end{cases} \tag{2-3}$$

式中　x，y——某像素原始图像坐标；

　　X，Y——同名像素地面（或地图）坐标。

根据校正图像要求的不同选用不同的阶数，当选用一阶多项式校正时，可以校正图像因平移、旋转、比例尺变化和仿射变形等引起的线性变形；当选用二阶多项式校正时，则在改正一次项各种变形的基础上，改正二次非线性变形；而当选用三阶多项式校正则改正更高次的非线性变形。由于更高阶的多项式往往不能提高精度，反而可能造成模型精度的降低，所以一般多项式校正的阶数不大于三次。不同阶数的多项式校正差异如图 2-2 所示。

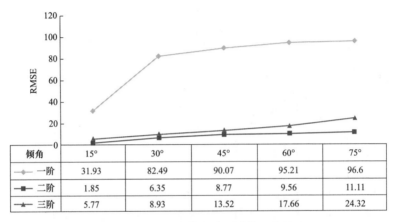

倾角	15°	30°	45°	60°	75°
一阶	31.93	82.49	90.07	95.21	96.6
二阶	1.85	6.35	8.77	9.56	11.11
三阶	5.77	8.93	13.52	17.66	24.32

图 2-2　不同阶数的多项式校正差异

在一般的回归分析中，选用二阶多项式进行校正是较为理想的方式。既能校正由平移、旋转、比例尺变化和仿射变形等引起的线性变形，又能校正二次非线性变形。校正效果良好，且能避免病态矩阵的出现。而在实际的几何定位校正中，由于地形起伏影响，每个区域的失真规律并不相同。用同一个多项式模型进行校正很难准确描述整幅图像的失真规律，因此需要引入分段多项式几何校正模型。分段多项式几何校正模型是指对遥感图像的不同区域构建不同的多项式几何校正模型。分段多项式几何校正模型不仅克服了图像每个区域的失真规律的不同，又减小了代入校正模型中坐标值的大小，降低了对多项式系数的求解精度，是一种理想的遥感失真图像校正模型。不同多项式校正方法流程对比如图 2-3 所示。

在几何校正模型中，系数一般可利用已知控制点的坐标值按最小二乘法原理求解，下面以多项式校正模型的系数求解为例进行求解。

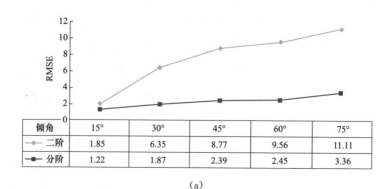

（a）

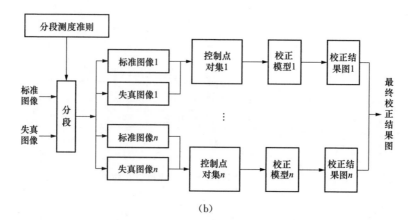

（b）

图 2-3　不同多项式校正方法流程对比

（a）二阶分段和不分段多项式校正结果；（b）分段多项式校正方法流程

多项式校正模型误差方程式如下：

$$\boldsymbol{V}_x = \boldsymbol{A}\Delta_a - L_x \qquad (2-4)$$

$$\boldsymbol{V}_y = \boldsymbol{A}\Delta_b - L_y \qquad (2-5)$$

其中，改正数向量为

$$\boldsymbol{V}_x = [V_{x1} V_{x2} 6]^{\mathrm{T}} \qquad (2-6)$$

$$\boldsymbol{V}_y = [V_{y1} V_{y2} 6]^{\mathrm{T}} \qquad (2-7)$$

系数矩阵为

$$\boldsymbol{A} = \begin{bmatrix} 1 & X_1 & Y_1 & X_1 Y_1 & 6 \\ 6 & 6 & 6 & 6 & 6 \\ 1 & X_m & Y_m & X_m Y_m & 6 \end{bmatrix} \qquad (2-8)$$

像点坐标为

$$L_x = [x_1 x_2 6]^{\mathrm{T}} \tag{2-9}$$

$$L_y = [y_1 y_2 6]^{\mathrm{T}} \tag{2-10}$$

构成法方程为

$$(\boldsymbol{A}^{\mathrm{T}}\boldsymbol{A})\Delta_a = \boldsymbol{A}^{\mathrm{T}}L_x \tag{2-11}$$

$$(\boldsymbol{A}^{\mathrm{T}}\boldsymbol{A})\Delta_b = \boldsymbol{A}^{\mathrm{T}}L_y \tag{2-12}$$

最后即可得到模型的多项式系数为

$$\Delta_a = (\boldsymbol{A}^{\mathrm{T}}\boldsymbol{A})^{-1}\boldsymbol{A}^{\mathrm{T}}L_x \tag{2-13}$$

$$\Delta_b = (\boldsymbol{A}^{\mathrm{T}}\boldsymbol{A})^{-1}\boldsymbol{A}^{\mathrm{T}}L_y \tag{2-14}$$

遥感图像的几何校正主要有两个环节，一是像素坐标变换；二是像素量的重采样。由于校正后输出图像中的任一像素在原始图像中的投影点位坐标值为整数，可简单地将整数点位上原始图像已有的灰度值直接取出填入输出图像。但是当该投影点位的坐标计算值不为整数时，原始图像阵列中该非整数点位上并无现成的灰度存在，必须采用适当的方法将该点位周围邻近整数点位上灰度值对该点的灰度贡献进行累积，从而构成该点位的新灰度值。这个过程即称为数字图像灰度值的重采样，如图 2-4 所示。

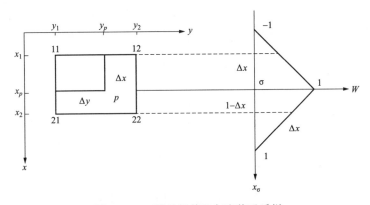

图 2-4　双线性插值法灰度值重采样

图像灰度值重采样时，周围像素灰度值对被采样点贡献的权可用重采样函数来表达。本书中采用双线性内插法对数字图像灰度值进行重采样，其方法可

以用三角形线性函数来表达：$W(x_c)=1-|x_c|$，$(0 \leqslant |x_c| \leqslant 1)$，当实施双线性内插时，需要有被采样点 p 周围 4 个已知像素的灰度值参加计算。其中，内插点 p 的灰度值 I_p 为

$$I_p = W_x \cdot I \cdot W_y^{\mathrm{T}} = \begin{bmatrix} I_{11} I_{12} \\ I_{21} I_{22} \end{bmatrix} \begin{bmatrix} W_{y1} \\ W_{y2} \end{bmatrix} \qquad (2-15)$$

式中

$$w_{x1}=1-\Delta x \quad w_{y1}=1-\Delta y \qquad (2-16)$$

$$w_{x2}=\Delta x \quad w_{y2}=\Delta y \qquad (2-17)$$

控制点的选取精度将直接影响到最后的校正精度，是几何校正过程中的重要一环。传统方法采用手动选点，既耗费大量的人力和时间，又破坏了几何校正的连续性。且控制点的精度受主观因素影响较大，因而限制了几何校正的处理效率。为在有限时间内实现高精度的图像校正，本书采用了尺度不变特征转换（scale-invariant feature transform，SIFT）兴趣算子选取控制点的方法实现控制点的自动选取。

SIFT 特征点提取法是通过采用金字塔分层方式，将计算量相对大的工作在最初的步骤中完成，从而最小化后续步骤的计算量，使总计算量大幅下降。SIFT 兴趣算子能够提取图像中大量均匀分布于图像中的特征点，例如在 500×500 像素的图像中利用 SIFT 方法可以提取出大约 2000 个稳定的特征点，在物体识别方面具有很大的作用，SIFT 特征点提取法主要流程如图 2-5 所示。

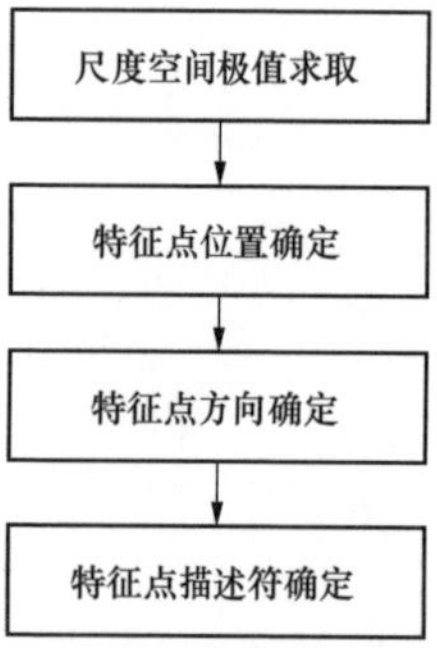

在确定特征点描述符时，需先将坐标轴旋转为关键点的方向以确保旋转不变性。然后以关键点为中心取 8×8 像素的窗口。每个小格代表关键点邻域所在尺度空间的一个像素，圈代表高斯加权的范围，越靠近关键点的像素梯度方向信息贡献越大。然后在每 4×4 像素的小块上计算 8 个方向的梯度方向直方图，绘制每个梯度方向的累加值，即可形成一个种子点。一个关键点由 2×2 共 4 个种

图 2-5　SIFT 特征点提取法主要流程

子点组成，每个种子点有 8 个方向向量信息。这种邻域方向性信息联合的思想增强了算法抗噪声的能力，同时对于含有定位误差的特征匹配也提供了较好的容错性。

为增强计算过程中匹配的稳健性，对每个关键点使用 4×4 共 16 个种子点来描述，这样对于一个关键点就可以产生 128 个数据，即最终形成 128 维的 SIFT 特征向量。此时 SIFT 特征向量已经去除了尺度变化、旋转等几何变形因素的影响，进一步将特征向量的长度归一化，则可去除光照变化的影响。当图像的 SIFT 特征向量生成后，利用关键点特征向量的欧式距离作为两幅图像中关键点的相似性判定度量。取图像中的某个关键点，并找出欧式距离最近的前两个关键点，在这两个关键点中，如果最近距离除以次近距离小于某个比例阈值，则接受这一对匹配点。比例阈值的选取与 SIFT 匹配点数目密切相关，降低该阈值会导致匹配点数目减少，但更加稳定。

最后将 SIFT 兴趣算子和这两种控制点优化算法应用到分段多项式几何校正模型中。首先利用 SIFT 兴趣算子自动选取控制点对，然后将分段多项式校正模型实验中手动选取的控制点作为先验知识参与到迭代去除错误控制点算法中，并使用控制点均匀分布算法，将经过控制点优化的分段多项式几何校正和图像灰度值重采样。

2. 复杂地形下山火定位影响分析

(1) 地形变化投影误差。地面起伏引起的像点位移将导致投影误差现象。当地形出现起伏时，对于偏移某一基准面的地面点，在像片平面上，像点与其在基准面上垂直投影点的构像点之间存在直线位移，如图 2-6 所示。

在垂直摄影的条件下，中心投影的 ϕ、ω 和 r 趋向于 0，地形起伏引起的像点位移为

$$\delta h = \frac{r}{H} h \tag{2-18}$$

式中　h——像点所对应地面点与基准面的高差；

　　　H——平台相对于基准面的高度；

r——像点到底点的距离。

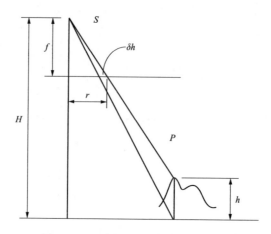

图 2-6　垂直摄影时地形起伏的影响

在像片坐标系中，x 和 y 两个方向上的分量分别为

$$\delta x_h = \frac{x}{H}h \tag{2-19}$$

$$\delta y_h = \frac{y}{H}h \tag{2-20}$$

式中　x、y——地面点对应的像点坐标；

δx_h、δy_h——由地形起伏引起的 x 和 y 方向上的像点位移。

由式（2-19）和式（2-20）可以看出，投影误差的大小与底点至像点的距离、地形高差成正比，与平台航高成反比。投影差发生在底点辐射线上，高于基准面的地面点其投影差离开底点；低于基准面的地面点其投影差朝向底点。此外，推扫式成像仪由于 $x=0$，所以 $\delta x_h = 0$。而在 y 方向上，其投影差可用式（2-21）计算，即投影差只发生在 y 方向（扫描方向）。

$$\delta y_h = \frac{y}{H}h \tag{2-21}$$

（2）逐点扫描仪成像误差。对于逐点扫描仪成像，因地形起伏引起的图像变形发生在 y 方向，如图 2-7 所示。得到地形起伏引起的逐点扫描仪图像的投影差为

$$\begin{cases} \delta x_h = 0 \\ \delta y_h = \delta h_y \cos^2\theta = \dfrac{y}{H}\cos^2\theta \cdot h = \dfrac{f\sin\theta\cos\theta}{H}h \end{cases} \quad (2-22)$$

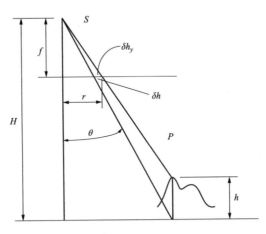

图 2-7　逐点扫描仪影像的地形起伏影响

（3）高程差异校正算法误差。在地表状况均质分布、地形起伏小的区域，利用统计方法可以初步确定高温异常阈值、低温异常阈值，从而对温度异常点进行有效识别。然而，在地形起伏较大地区，由高程引起的地表温度差异可能会掩盖真实的山火信息。为了研究南方电网所在五个省区范围内高程差对地表温度的影响，将研究区按高程值以 100m 为间距分为 30 个高程子区，然后分别统计各子区内的地表温度分布情况。利用高程-温度的关系式将温度修正到某一参考高程，然后对温度异常区进行识别，以减小地形起伏给识别温度异常区带来的不利影响，海拔与温度的关系如图 2-8 所示。

对每一高程子区内地表温度的分布频率进行统计，基本呈现正态分布趋势，如图 2-9 所示。以高程子区（1km，1.1km] 和（1.5km，1.6km] 为例，可知所提出的基于概率统计的卫星遥感山火监测方法的合理性，可以有效降低高程对山火监测识别影响，减少山火漏告警。

（4）高程对遥感影像的影响。我国南方西南部海拔明显比东南部高，南方电网所管辖的五个省（即广东省、广西壮族自治区、云南省、贵州省、海南省）

17

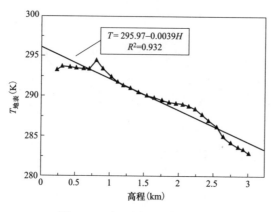

图 2-8 高程与地表温度关系

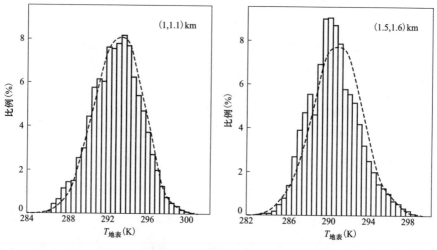

图 2-9 不同高程子区范围内的地表温度分布

及周边地区高程中，广东省、广西壮族自治区海拔大部分在 1000m 以内，甚至 600m 以下（绿色）；云南省及贵州省大部分地区海拔则超过 1500m，最高的云南省西北部甚至超过 4000m（红色）。广东省、广西壮族自治区、海南省等地高程对定位影响较小，而云南省、贵州省影响较大。

采用高程数据分析地形对卫星监测山火效果的影响，进而可对高海拔地区地形变化引起的投影误差进行校正。图 2-10 分别为高海拔（青藏高原，图中上面部分）和低海拔（海南省，图中下面部分）的高程校正效果。从图 2-10 中可以看出，高程越大区域校正幅度越大，低海拔地区校正前后定位差异几乎没有变化。利用高精度高程数据，可获取详细的高程对定位的影响程度，从而校正定位。

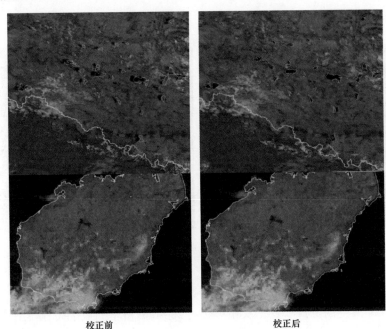

校正前　　　　　　　　　　　　校正后

图 2-10　不同高程下遥感影像校正前后对比

3. 高海拔地区定位校正与统计分析

基于上述分析与校正算法，可采用大量卫星热点坐标与真实热点坐标对比，以及卫星影像地物与典型下垫面地理矢量数据进行匹配，根据校正后的偏差结果，进行高海拔地区定位精校正。

（1）真实热点定位校正。通过在典型高海拔复杂地形条件下发生的不同强度山火数据，利用其真实热点坐标与大量卫星监测热点坐标开展定位偏差分析并校正。首先收集不同强度的山火案例并提取其中漏告警的个例山火；然后对比卫星判识和实际反馈的热点定位偏差，统计不同高程、不同热点强度等条件下的不同偏差值；最后根据不同高程条件调整定位偏差。

（2）典型下垫面与地理矢量匹配。利用卫星遥感监测典型下垫面（水体）区域位置信息与高精度地理矢量数据匹配，提取两者差异并调整系统偏差，如

图2-11所示。首先收集典型下垫面的长时间序列卫星遥感影像；然后对比并统计不同高程下卫星影像和真实地理矢量数据的偏差，最后根据不同高程条件调整定位偏差。

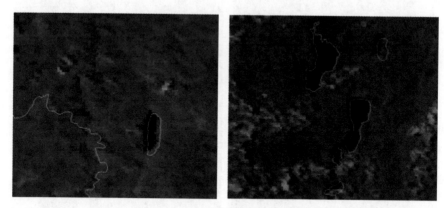

图2-11 典型水体与地理矢量偏差

（3）卫星遥感数据偏移统计与分析。基于2018—2020年内葵花8号卫星遥感监测1000m空间分辨率数据及相对应的250m分辨率的数字高程模型（digital elevation model，DEM）数据，海岸线、湖泊矢量进行分析处理。处理统计原则如下：

1）将全国范围0～4500m的DEM高程等划分成0～500m、500～1000m、1000～1500m、1500～2000m、2000～2500m、2500～3000m、3000～3500m、3500～4000m、4000～4500m、4500～5000m十个区间。

2）在每个高程区间内，选取3～5个无云遮挡的典型海岸线、湖泊作为采样点，并以海岸线、湖泊地理矢量数据为基准，记录并统计分析每个海岸线、湖泊矢量采样点的经纬度、栅格坐标和与之对应的葵花8号卫星遥感数据。

3）按照划分的十个高程区间，分别统计十个区间采样点的经度偏移量、纬度偏移量。计算方法为葵花8号偏移点栅格坐标减海岸线、湖泊矢量采样点栅格坐标，若数值为正，表示向北或向东偏移；若数值为负，表示向南或者向西偏移。

数据处理完成后分别计算十个区间海岸线与湖泊矢量采样点高程值与对应

葵花 8 号数据偏移点高程值的相关系数、海岸线与湖泊矢量采样点高程值与经度偏移栅格数的相关系数、海岸线与湖泊矢量采样点高程值与纬度偏移栅格数的相关系数、葵花 8 号偏移点高程值与经度偏移栅格数的相关系数、葵花 8 号偏移点高程值与纬度偏移栅格数的相关系数。最后进行统计分析，分别计算各区间经度和纬度偏移栅格量的平均值、方差和均方差。

4. 结果分析

（1）不同高程区间像元经度、纬度偏移像元量统计。经度偏移量统计结果：在 0～5000m 高程范围内，葵花 8 号卫星数据经度偏移－5～5 个像元，0～500m 高程区间 H8 经度偏移－4～2 个像元，500～1000m 高程区间 H8 经度偏移－4～1 个像元，1000～1500m 高程区间 H8 经度偏移－4～1 个像元，1500～2000m 高程区间 H8 经度偏移－4～0 个像元，2000～2500m 高程区间 H8 经度偏移－3～0 个像元，2500～3000m 高程区间 H8 经度偏移－3～2 个像元，3000～3500m 高程区间 H8 经度偏移－2～3 个像元，3500～4000m 高程区间无值，4000～4500m 高程区间 H8 经度偏移－3～2 个像元，4500～5000m 高程区间 H8 经度偏移－3～－2 个像元，如图 2-12 所示。

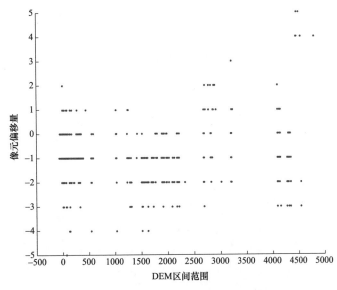

图 2-12　不同高程区间像元经度偏移量分布

纬度偏移量统计结果：在 0～5000m 高程范围内，葵花 8 号卫星数据纬度偏移－3～3 个像元，0～500m 高程区间 H8 纬度偏移－3～3 个像元，500～1000m 高程区间 H8 纬度偏移－2～1 个像元，1000～1500m 高程区间 H8 纬度偏移－2～1 个像元，1500～2000m 高程区间 H8 纬度偏移－3～1 个像元，2000～2500m 高程区间 H8 纬度偏移－2～2 个像元，2500～3000m 高程区间 H8 纬度偏移－2～2 个像元，3000～3500m 高程区间 H8 纬度偏移－1～0 个像元，3500～4000m 高程区间无值，4000～4500m 高程区间 H8 纬度偏移－3～1 个像元，4500～5000m 高程区间 H8 纬度偏移－1～0 个像元，如图 2－13 所示。

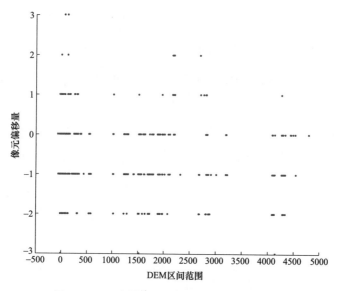

图 2－13 不同高程区间像元纬度偏移量分布

（2）不同高程区间像元偏移量相关性分析。不同高程区间像元偏移量相关性分析见表 2－1。

表 2－1 不同高程区间像元偏移量相关性

DEM 范围	与水体矢量统计点偏移像元数之间的相关系数		与 H8 矢量统计点偏移像元数之间的相关系数	
	经度	纬度	经度	纬度
0～500	－0.099	0.037	－0.094	0.045
500～1000	0.17	－0.14	0.17	－0.07

续表

DEM 范围	与水体矢量统计点偏移像元数之间的相关系数		与 H8 矢量统计点偏移像元数之间的相关系数	
	经度	纬度	经度	纬度
1000～1500	−0.36	−0.25	−0.34	−0.27
1500～2000	0.16	0.24	0.36	0.37
2000～2500	−0.053	0.69	0.205	0.725
2500～3000	0.234	0.10	0.123	0.0645
3000～3500	0.203	0.125	0.163	0.141
3500～4000	—	—	—	—
4000～4500	0.345	0.267	0.225	0.192
4500～5000	0.584	0.586	−0.833	−0.808

（3）不同高程区间像元经度、纬度偏移量统计分析。对 0～5000m 十个高程区间的葵花 8 号卫星数据偏移量进行统计，见表 2-2。

利用 2020—2021 年葵花 8 号卫星遥感监测到的位于输电线路线行下方火点位置信息与真实电力系统台账数据进行距离计算，可知经过精确定位与偏移量校正后的定位精度可达 81.25%。

表 2-2　　　　　　　不同高程区间像元经度、纬度偏移统计

DEM 范围	经度偏移量			纬度偏移量		
	平均值	方差	均方差	平均值	方差	均方差
0～500	−0.9178	0.4326	0.6577	−0.5369	0.4980	0.7056
500～1000	−1.0147	0.2535	0.5034	−0.9117	0.3503	0.5918
1000～1500	−1.4715	1.1306	1.0633	−0.7613	0.3541	0.5951
1500～2000	−1.2382	0.5188	0.7202	−0.9328	0.6015	0.7755
2000～2500	−1.7373	0.37934	0.61587	0.5959	0.9371	0.9680
2500～3000	−0.6078	0.8941	0.9456	−0.6666	0.5610	0.7490
3000～3500	−1.0597	0.7842	0.8855	−0.6866	0.2184	0.4673
3500～4000	—	—	—	—	—	—
4000～4500	−0.5	3.3855	1.84	−0.7857	0.5077	0.7126
4500～5000	0	13.5	3.6742	−0.6	0.3	0.5477

2.1.2　山火卫星遥感变时空识别算法

目前，应用在卫星遥感的热点监测算法以空间阈值法为主。空间阈值法主

要通过单景图像中被判识像元与周边像元的亮温差异阈值来判别，具有应用便捷、计算量小、能快速地识别热点等优点，但是热点灵敏度极易受到监测环境和天气的影响。而时序法作为一种新的热点检测算法，以亮温时间序列变化为基础，通过与正常背景亮温曲线对比，得出异常点的亮温变化率。时序法的优势在于能监测到能量比较微弱或者火情发展初期的热点。但该方法适用于为无云、晴空条件下的火点监测，且要求卫星观测图片的定位没有偏差。因此实际工程应用中可将空间阈值法和时序法相结合，在满足各自判识条件时即可发布火点。这既能实现微弱热点的判识和火情发展初期的热点及时发现，又能跟踪火势变化，实现火情及时发现和动态监控。

1. 卫星遥感热点监测原理

卫星遥感热点判识的基本原理为温度升高导致热辐射增强，不同热红外通道增长幅度存在差异。野外环境下生物质燃烧时，主要的辐射源是火焰和由此衍生的具有较高温度的碳化物（灰烬）、烟气（尘埃与水蒸气的混合物）等。根据斯蒂芬-玻尔兹曼定律的阐述，黑体辐射与温度的四次方成正比，即当生物质燃烧时的黑体温度有微小的改变，也会引起辐射的很大变化，因此正在燃烧的高温热源的温度更加会引起辐射的急剧增加。由于其自身燃烧温度及物理化学性质的不同，可呈现出不同的波谱特性，进而被不同的卫星热红外通道遥感监测到。

根据维恩位移定律，物体发射电磁波的峰值波长与物体温度成反比。当温度升高时，辐射峰值波长向短波方向移动。森林草原等生物量燃烧的温度范围为 $600\sim1200K$，对应的波长范围为 $2.4\sim4.8\mu m$，而地表常温（300K）的辐射峰值波长在 $9.6\mu m$ 左右。因此，当物体温度从 300K 升高到 600K 以上时，中红外辐射量增长了几百倍，较远红外波段大 $1\sim2$ 个数量级，中红外、远红外通道黑体辐射率随温度变化曲线如图 2-14 所示。

由于明火与其他地表物体的温度和辐射率相差数十倍甚至数百倍，因而可将含有明火的像元（以下简称火点像元）辐亮度看作是由明火区和非明火区的线性组合。根据普朗克公式，对含有火点像元与非火点像元的亮温差异 ΔT 可由

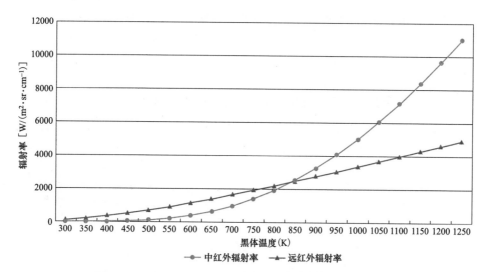

图 2-14　中红外、远红外通道黑体辐射率随温度变化曲线

式（2-23）表述：

$$\Delta T_i = T_{i\mathrm{mix}} - T_{i\mathrm{B}} = \frac{C_2 V_i}{Ln\left(1 + \dfrac{C_1 V_i^3}{N_{i\mathrm{mix}}}\right)} - \frac{C_2 V_i}{Ln\left(1 + \dfrac{C_1 V_i^3}{N_{i\mathrm{B}}}\right)} \qquad (2-23)$$

式中　ΔT_i、$T_{i\mathrm{mix}}$、$T_{i\mathrm{B}}$——火点像元与背景亮温差异、通道 i 亮温、通道 i 背
景亮温；

$N_{i\mathrm{mix}}$、$N_{i\mathrm{B}}$——火点像元通道 i 辐亮度、背景辐亮度；

V_i——通道 i 的中心波数。

其中，$C_1 = 1.1910659 \times 10^{-5}\,\mathrm{mW/(m^2 \cdot sr \cdot cm^{-4})}$，$C_2 = 1.438833\mathrm{K/cm^{-1}}$。

将 $T_{i\mathrm{B}} = 295\mathrm{K}$，$P = 0.5\%$ 代入式（2-23）后，若明火区温度从 500K 升高
到 1000K，中红外 ΔT 将从 16.4K 增大到 124.2K，远红外 ΔT 将从 1.7K 增大
到 7.22K；将 $P = 0.1\%$ 代入式（2-23）后，若明火区温度从 500K 升高到
1000K 时，中红外 ΔT 将从 4.15K 增大到 63.94K，远红外 ΔT 将从 0.34K 增
大到 1.48K，如图 2-15 所示，图中 P_3、P_4 分别为中红外通道和远红外通道
的 P 值。

将 $T_{i\mathrm{B}} = 295\mathrm{K}$，$N_i$ 分别为 500、750、1000K 分别代入式（2-23）后，若

P 从 0.01% 增大到 1.5% 时，中红外 ΔT 分别从 0.44K 升至 35.42K、从 5.25K 升至 117.2K 和从 15.67K 升至 182.7K。远红外 ΔT 分别从 0.037K 升至 5.51K、从 0.11K 升至 15.97K 和从 0.2K 升至 27.52K，如图 2-16 所示，图中 $TH3$ 和 $TH4$ 分别表示中红外和远红外通道的明火区温度。

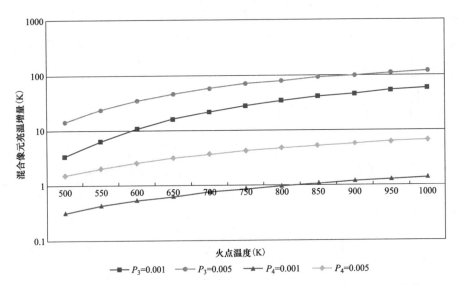

图 2-15　中红外和远红外通道火点像元亮温与背景差异随明火区温度变化

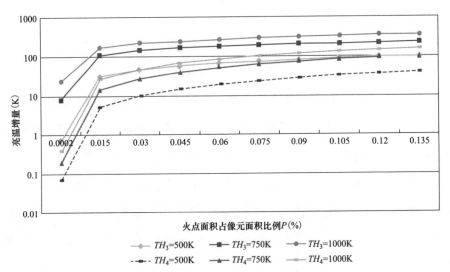

图 2-16　中红外和远红外通道火点像元亮温与背景差异随明火区面积变化

通过以上分析可知，即便明火区面积很小也会引起火点像元中红外通道亮温明显升高，进而造成火点像元亮温与周边非火点像元中红外亮温出现明显差异。虽然远红外通道亮温也有升高，但其差异远低于中红外。中红外通道这一特性可作为火点判识的主要依据。

2. 卫星热点识别空间自适应阈值算法

本书采用改进型的空间阈值法，其优势在于阈值可自适应改变。其判断一个卫星遥感像元是否为候选热点需经过以下步骤：

（1）水体判识。根据南方电网五省地区（即云南省、贵州省、广西壮族自治区、广东省、海南省）下垫面类型判断像元类型，排除水体像元，若为水体，则不进行热点判识。

（2）云判识。基于云识别阈值，利用可见光反照率和 11 μm 远红外通道的亮温进行云像元识别。

（3）耀斑判识。当耀斑角度小于 30°，可认为该像元处于耀斑区内，处于耀斑区内的像元不进行热点判识。

（4）像元背景亮温计算。计算背景温度时，要求所有用于计算的邻域像元将排除云区、水体以及疑似热点，并且有不少于 6 个像元用于计算背景温度。若不满足这一条件的话，将扩大为 9×9，11×11，…，19×19，若仍不满足条件，放弃对该像元的判识。

（5）像元热点识别。根据林火判识参数计算出来每个像元中红外亮温与背景亮温差，同时计算对应的中红外与远红外亮温差，当像元亮温与亮温增长差异满足判识阈值后则判断该像元为热点像元。

在总结 MODIS、NPP、FY3 等极轨卫星热点判识算法的基础上，结合静止气象卫星特点及南方电网五省地区林区植被固有特性，提出了针对南方电网五省地区阈值变化的自适应算法，以实现静止气象卫星热点昼夜连续监测。具体算法思路介绍如下：

（1）云检测：在热点判识中，云信息提取至关重要。利用云区可见光的高反射（白天）特性以及热红外通道温度特性，区分非热点和云区。

（2）大气纠正：对反射率通道数据利用 6S 辐射传输模型（second simulation of satellite signal in the solar spectrum）做大气纠正。

（3）辐射校正：利用卫星和太阳的天顶角、方位角，校正可见光近红外的反射率以及热红外辐射亮温值。

（4）背景亮温计算：热点像元判识的关键在于同背景温度的比较，背景亮温计算尤为重要，初始背景窗区大小为 5×5 个像元，背景像元亮温即窗口区内背景像元的平均温度，即 $T_{3.9bg}=\mathrm{mean}(T_{3.9})$；但需要去除云区、水体、高温等可疑热点像元，判识条件为

$$T_{3.9}>T_{th} \text{ 或 } T_{3.9}>T'_{3.9bg}+\Delta T_{3.9bg} \qquad (2-24)$$

式中　$T_{3.9}$——3.9 μm 通道的亮温值；

　　　T_{th}——3.9 μm 通道的亮温阈值，默认可采用窗口内所有像元平均值和对应的 2 倍标准差之和；

　　　$T'_{3.9bg}$——窗口区内相同土地利用类型的 3.9 μm 通道的亮温平均值；

　　　$\Delta T_{3.9bg}$——可疑热点像元与背景亮温的差异，可用相同土地利用类型像元的 2.5 倍标准差表示。

如果 5×5 的窗区中满足上述条件的晴空像元不足 20%，则将窗区扩大到 7×7，9×9，…，51×51，若仍达不到要求，则像元放弃计算，标示为非热点像元。

（5）热点像元确认：如果像元满足以下两项条件，可初步将该像元确认为热点像元：

$$T_{3.9}>T_{3.9bg}+n_1\times\delta T_{3.9bg} \qquad (2-25)$$

$$\Delta T_{3.9\_11}>\Delta T_{3.9\_11bg}+n_2\times\delta T_{3.9\_11bg} \qquad (2-26)$$

式中　$\delta T_{3.9bg}$——背景窗中 3.9 μm 亮温的标准差，$\Delta T_{3.9\_11}=T_{3.9}-T_{11}$；

　　　$\Delta T_{3.9\_11bg}$——背景窗 $\Delta T_{3.9\_11}$ 的平均值，$\Delta T_{3.9\_11bg}=T_{3.9bg}-T_{11bg}$；

　　　$\delta\Delta T_{3.9\_11bg}$——背景窗 $\Delta T_{3.9\_11}$ 的标准偏差。

该条件设置的主要目的在于区分窗口内不同下垫面类型像元固有亮温值的差异。当窗口区域内像元类型比较一致时，$\Delta T_{3.9\_11bg}$ 和 $\delta\Delta T_{3.9\_11bg}$ 值较小。热

点判识过程中，当 $\delta T_{3.9\text{bg}}$ 和 $\delta T_{3.9\_11\text{bg}}$ 小于 2K 时，用 2K 替代；当大于 4K 时，用 4K 替代。n_1 和 n_2 为背景系数，该系数随监测的不同区域、不同时间以及不同角度随时变化。

（6）耀斑角滤除：当初步判识为热点像元的可见光、近红外反射率大于 0.3，中红外通道亮温大于 305K，且耀斑角小于 30°时，则该像元为耀斑点，剔除热点属性。

（7）常年高温的滤除：常年高温点通常以人工热源为主，利用土地利用类型等辅助数据进行删选剔除。

（8）确认热点可信度类型：利用监测像元与窗区背景像元的不同温差值确定热点可信度，可信度越高，判识为热点的可能性越高。热点可信度类型定义如下。

热点：$T_{3.9} > T_{3.9\text{bg}} + T$；

疑似热点：$T_{3.9} < T_{3.9\text{bg}} + T$；

云区热点：热点位于云区边缘。

T 为热点可信度亮温阈值，可采用窗口内被判识为热点的像元亮温以及相同土地利用类型的所有像元亮温的 3 倍标准差表示。

通过如上卫星识别热点算法，在极轨卫星热点判识算法的基础上，融合了静止卫星热点判识算法，并结合南方电网五省地区植被指数情况及特点，对算法进行了改进，提出针对南方电网五省地区热点阈值变化的自适应算法，以实现极轨卫星和静止卫星同时并行运行、热点昼夜连续监测的技术方案。火点判识处理流程如图 2-17 所示。

3. 新型时间序列热点探测法

空间阈值法具有算法考虑因素少，计算数据量较小，且火点判识不涉及时间尺度等优点，但在判识灵敏度上存在一定的局限性。山火火情在早期发生时，基本处于小火状态，与周边的温度差较小，较难被空间阈值法判识出来。借助静止卫星的高频、稳定观测特点，在原有空间阈值法的基础上，提出了融合时序法的多源卫星遥感火点判识方法。

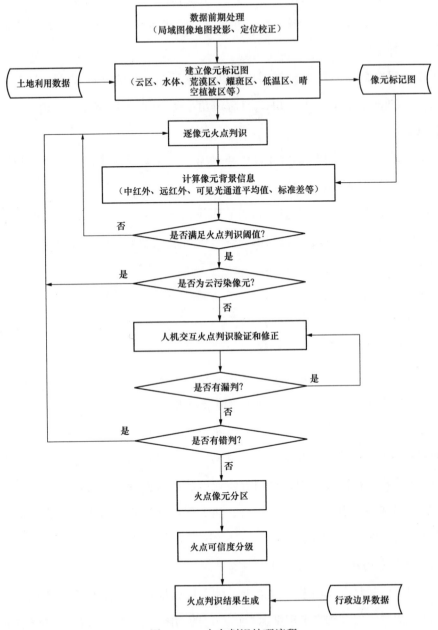

图 2-17　火点判识处理流程

　　时序法即基于时间序列原理，通过比较前后时次的不同亮温组合，判断是否有异常热点产生。由于空间法以周边像元作为背景像元，需要考虑周边下垫面信息的特点，通常火点判识的灵敏度为像元面积的一万分之一。而时序法不考虑周边像元信息，只考虑当前像元前后不同时次的亮温变化。因此，可有效降低判识阈值，最高灵敏度可达空间法的两倍以上。利用静止气象卫星前后时次的观测信息，对比分析不同地形、火强度条件下热点所在像元及周边背景像元亮温变化趋势。在热点能量未达空间阈值法的告警阈值前，根据热点能量变化率，实现火情的判识。

本书将空间阈值法和时序法相结合，一旦出现火情，首先采用时序法提前发现火点，后续采用空间方法跟踪火势的变化。两者结合即可实现微弱热点的判识和火情发展初期热点及时发现。同时又能跟踪火势变化，实现火情及时发现和动态监控。

（1）时序法基本原理。国家卫星气象中心目前采用空间法的相对阈值设定为 6K，可探测像元万分之一面积比例的热点。由于气象卫星热红外传感器的分辨率为千米级，在小热点判识时容易出现漏判。如果利用亚像元明火面积估算公式，当亮温阈值到 3K 时，可提取像元十万分之六的明火面积，即热点判识所需的最小面积提高近 1 倍，如图 2 - 18 所示。

时序法主要利用被判识像元在时间序列上的亮温变化率来确定该像元是否存在火情，亮温变化率定义见式（2 - 27）。

$$\Delta \Lambda = \Delta T / \Delta u \qquad (2-27)$$

式中　$\Delta \Lambda$——亮温变化率；

　　　ΔT——前后时次的亮温差；

　　　Δu——前后观测时次时间差。

通过比较判识像元亮温变化率与常规背景变化率的差异，可知判识像元内是否存在外来热源信息。

当前，静止气象卫星 10min 即可对地表进行一次观测，而地表温度在该时间段内的变化较小，一般不到 0.5K。因此，选用亮温变化率指标，可有效提高卫星遥感热点判识灵敏度，减少不同区域、不同时间亮温差异实际值差异较大带来的影响。当地表下垫面在没有火情状态下，地表加热能量主要来自太阳，

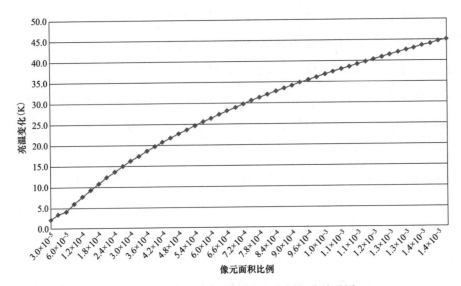

图 2-18　热点像元面积比例与亮温变化关系图

式（2-28）为热导方程。

$$\nabla^2 \nu - \frac{1}{\kappa} \frac{\partial \nu}{\partial t} = 0 \qquad (2-28)$$

式中　ν——热力学温度；

　　　t——时间；

　　　κ——导热系数，与材料的热导系数、密度、比热或者热容量有关。

地表温度的变化主要由周期性的太阳辐射驱动，为地表温度变化提供了周期热通量。太阳辐射对地表的加热作用可用式（2-29）表示。

$$-\kappa \frac{\partial \nu}{\partial x}\bigg|_{x=0} = (1-\rho)\nu_s^4 - \varepsilon\sigma\nu^4 + I(t) \qquad (2-29)$$

式中　ν_s——有效天空长波辐射温度；

　　　I——透过大气到达地面的入射太阳辐射；

　　　κ——导热系数；

　　　x——渗入地表距离；

　　　t——时间。

式（2-29）中，第一项和第三项分别为从天空和太阳入射的辐射通量，第二项为地表反射输出的发射辐射通量。太阳辐射 I 为太阳光谱区（大部分为可见光和近红外区）地表反射率、太阳赤纬、黄纬和局地斜率的函数，见式（2-30）。

$$I(t) = (1-A) \cdot S_0 \cdot C \cdot H(t) \tag{2-30}$$

式中　A——地表反射率；

　　　S_0——太阳常数；

　　　C——云对太阳辐射减弱的因子。

$H(t)$ 见式（2-31）。

$$H(t) = \begin{cases} M[Z(t)]\cos Z'(t) & \text{白天} \\ 0 & \text{黑夜} \end{cases} \tag{2-31}$$

式中，$Z'(t)$——倾斜地表的局地天顶角；

　　　$Z(t)$——天顶角；

　　　M——大气衰减度，是天顶角 Z 的函数。

时间 t 与太阳高度角有关。针对白天晴空大气理想状态下，地表温度变化主要由太阳照射引起，到达地表被吸收的有效太阳辐射公式可转换为式（2-32）。

$$I(\phi) = (1-A)S_0\delta\varepsilon\sin(\phi) \tag{2-32}$$

式中　ε——大气透过率；

　　　δ——地表吸收率；

　　　ϕ——太阳高度角。

针对特定时间的固定区域，假设 A、ε 和 δ 为常量，下垫面类型保持不变，则地表吸收的能量只与太阳高度角 ϕ 有关。随着太阳高度角的增大，吸收的能量也逐渐增多，与太阳高度角的三角函数成正比。利用不同时段前后时次的温度变化率与非着火状态的背景变化率相比较，可知判识像元在增温或降温过程中，是否存在火情。

（2）时序法热点判识方法。利用"葵花 8 号"静止气象卫星 2016 年 3 月 29 日 6:00 至 3 月 30 日 6:00（北京时间）24h 观测数据制作了晴空条件下未着火林区像元中红外通道（中心波长 4.05μm）像元亮温时序变化曲线图，如图

33

2-19 所示。从该数据当日前后观测时次的中红外亮温差中可见（见图 2-20），中红外通道相邻时次亮温变化幅度有一定的日变化规律。其中，从凌晨到上午期间的增温幅度较大，最大幅度超过 1K；而中午到傍晚期间的变化幅度较小，最大幅度小于 0.5K。

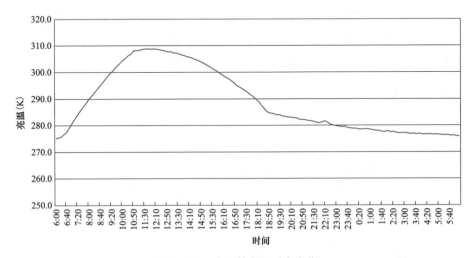

图 2-19　中红外亮温时序变化

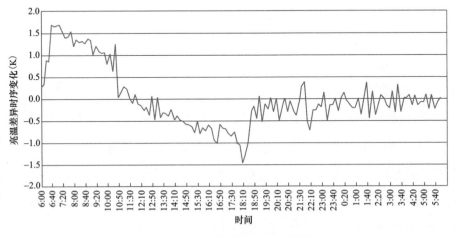

图 2-20　中红外亮温差异时序变化

为判断晴空条件下背景像元在任意时刻的亮温变化是否存在异常，需获取背景亮温的常规时序变化规律，构建背景亮温时序变化函数。背景亮温的构建是根据大气条件下背景亮温的时间序列变化，建立常态化的亮温时序变化函数。时间尺度上通常需要 24h 的连续分钟级观测。当亮温变化超过正常振幅时，被认为存在云或者异常热像元，此时背景亮温需重新构建。对于固定区域，地表接收的太阳辐射与太阳高度角相关，结合图 2-20 中的晴空大气下垫面中红外亮温变化数据分析，将下垫面亮温变化与太阳角度变化简化成 3 个时间段：白天升温时段、白天降温时段和夜间降温时段。经分析得到理想状态的变温曲线，如图 2-21 所示。结合地表增温基本原理，即辐射能量与太阳高度角呈正相关，地表背景亮温与太阳高度角的关系见式（2-33）。

$$T = \begin{cases} (T_{\max} - T_{\min}) \cdot \sin(\phi) + T_{\min} & \left(0 \leqslant \phi \leqslant \dfrac{\pi}{2}\right) \\[2mm] (T_{\max} - T_1) \cdot \sin(\phi) + T_1 & \left(\dfrac{\pi}{2} < \phi \leqslant \pi\right) \\[2mm] -\dfrac{T_1 - T_{\min}}{\pi} \cdot \phi + (2 \cdot T_1 - T_{\min}) & (\pi < \phi \leqslant 2\pi) \end{cases} \quad (2-33)$$

式中　T——瞬时亮温；

　　　$T_{\max}$——日最高亮温；

　　　$T_{\min}$——日最低亮温；

　　　T_1——太阳高度角下降至 0°时的亮温；

　　　ϕ——太阳高度角。

由于不同季节中，单日亮温变化绝对值存在差异。为减少因不同时间、不同地区带来的亮温变化差异，将亮温差异值转换成亮温变化率。利用式（2-36），即可估算像元任意时段亮温变化率。根据不同纬度、不同下垫面类型日温度变化温差未达 60K 的温度特性，假设其满足不同地区、不同季节最大温差为 60K 的条件。然后建立符合白天理想状态的亮温变化率曲线（降温阶段取绝对值），如图 2-22 所示。

根据太阳高度角变化将白天时段等分成六个区间，并假设各阶段阈值 $T_{\max}$ 为 333K（60℃），$T_{\min}$ 为 273K（0℃），即温差为 60K。然后分别设定太阳高度角以及亮温变化率阈值，见表 2-3。

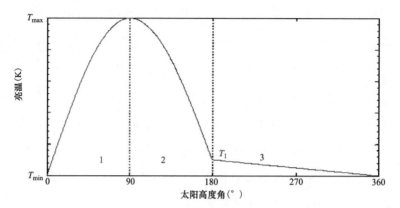

图 2-21 理想状态晴空地表亮温随太阳高度角变化

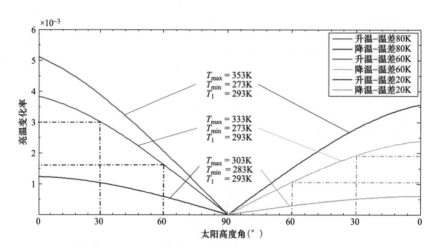

图 2-22 不同太阳高度角的亮温变化率曲线

表 2-3   白天时段区间划分

太阳高度角	亮温变化率阈值（%）	阶段
[0，30]	0.35	
(30，60]	0.3	升温阶段
(60，90]	0.2	
[90，60]	0	
(60，30]	0.1	降温阶段
(30，0]	0.2	

以温差 60K 为例，升温阶段亮温最大变化率小于 0.4%，降温阶段亮温最

大变化率小于 0.3%。因此，在升温阶段，若实际升温率超过 N 倍的最大变化率，可认为像元存在高温异常信息（升温速度高于正常升温）；在降温阶段，若 M 倍的实际降温低于最大变化率，可认为像元存在高温异常信息（降温速度慢于正常降温，甚至出现逆向升高），N 和 M 分别为温差在 60K 条件下（图 2 - 22 中的变化率曲线），升温和降温过程的倍数阈值，该阈值倍数用于确定判识时刻是否有加热源（热点）存在。当像元的时序变化率满足以下条件时判定为热点。

$$\Delta \Lambda > \Delta T4 \times \Delta \Lambda bg \qquad (2 - 34)$$

式中，$\Delta \Lambda$ 是亮温变化率，$\Delta T4$ 为中红外通道亮温系数，即升温阶段的 N 倍和降温阶段的 M 倍数值；$\Delta \Lambda bg$ 为背景变化率阈值，该参数通过 60K 亮温差假设条件的亮温变化率曲线函数计算得到（见图 2 - 22）。由于不同通道获取信息不同，为进一步提供判识精度，可考虑多通道集合时序法。即不仅考虑中红外通道，同时也将远红外及不同通道组合共同考虑，成为多通道组合的时序法来监测微小热点。多通道组合的时序法热点像元识别需满足以下条件。

$$\Delta T^{t1-t0}_{mid-infra} = T^{t1}_{mid-infra} - T^{t0}_{mid-infra} \qquad (2 - 35)$$

$$\Delta T^{t1-t0}_{far-infra} = T^{t1}_{far-infra} - T^{t0}_{far-infra} \qquad (2 - 36)$$

$$\Delta T^{t0}_{mid\_far} = T^{t0}_{mid-infra} - T^{t0}_{far-infra} \qquad (2 - 37)$$

$$\Delta T^{t1}_{mid\_far} = T^{t1}_{mid-infra} - T^{t1}_{far-infra} \qquad (2 - 38)$$

$$\Delta T^{t1-t0}_{mid\_far} = \Delta T^{t1}_{mid\_far} - \Delta T^{t0}_{mid\_far} \qquad (2 - 39)$$

式中　$T^{t0}_{mid-infra}$、$T^{t1}_{mid-infra}$——前一时次与当前时次卫星中红外通道的亮温；

　　　　$T^{t0}_{far-infra}$、$T^{t1}_{far-infra}$——前一时次与当前时次卫星远红外通道的亮温。

$$T^{t0}_{mid-infra} > TH_{mid-infra} \qquad (2 - 40)$$

$$T^{t1}_{mid-infra} > TH_{mid-infra} \qquad (2 - 41)$$

$$\Delta T^{t1-t0}_{mid-infra} > TH^{1}_{mid-infra} \qquad (2 - 42)$$

$$\Delta T^{t1-t0}_{mid\_far} > TH_{mid\_far} \qquad (2 - 43)$$

$$\Delta T^{t1-t0}_{far-infra} > TH_{far-infra} \qquad (2 - 44)$$

式中　$TH_{mid-infra}$、$TH^1_{mid-infra}$、$TH_{mid-far}$、$TH_{far-infra}$——相应的参考阈值，通过对研究区域长时间序列的亮温统计得到。

其中阈值 $TH_{mid-infra}$ 通常是晴空时的亮温值，可用于去除厚云的部分干扰；阈值 $TH^1_{mid-infra}$ 用于热点判识，通常根据所选区域先验热点的亮温统计设定，且值 $\Delta T^{t1-t0}_{mid-infra}$ 可消除白天可见光对中红外通道的影响；当前一时次被小块云覆盖的像元，在当前时次无云覆盖时，会将该像元误判为热点像元，阈值 TH_{mid_far} 可用于剔除这种伪热点；阈值 $V_{far-infra}$ 用于剔除伪热点，$\Delta T^{t1-t0}_{far-infra}$ 可表示相邻时次的地表变化，经过研究发现，热点发生前后 $\Delta T^{t1-t0}_{far-infra}$ 不会发生太大变化。

利用时间维度信息判识热点是时序法的一大优势。式（2-45）对新发生的热点判识比较敏感，能够快速检测出当前时次新产生的热点，但对连续热点像元识别敏感度较低。即某一像元在前后时次均是热点时，仅仅依靠式（2-44）可能会漏判该连续热点。因此，需要增加式（2-46）进一步完善热点判识条件。

$$T^{t1}_{mid-infra} > TH_{mid-infra} \tag{2-45}$$

$$\Delta T^{t1-t0}_{mid-infra} > TH^1_{mid-infra} \tag{2-46}$$

$$\Delta T^{t1}_{-far} > TH^{t1}_{-far} \tag{2-47}$$

式中　$TH_{mid-infra}$、$TH^1_{mid-infra}$、TH^{t1}_{-far}——判断连续热点时相应的参考阈值。

其中，阈值 $TH_{mid-infra}$ 与上文对应；阈值 $TH^1_{mid-infra}$ 表示连续热点像元在中红外通道亮温变化的最小值；阈值 $TH^1_{mid-infra}$ 用于热点判识。对前一时次判识出的热点像元，用式（2-46）进行再次判识，当满足式（2-47）时，则表示在当前时次为连续热点。将式（2-45）与式（2-44）判识出的热点进行合并，即为当前时次判识出的所有热点。

改进后的阈值模型可以剔除晨昏交界、冰雪下垫面以及常年高温点的干扰，但还无法避免太阳耀光的影响。因此需要进一步过滤热点。即当初步判识为热点像元的可见光、近红外反射率大于 0.3，中红外通道亮温大于 305K，且耀光角小于 30°时,则判定该像元为耀光点,剔除其热点属性。

(3) 火点判识模型结果样例。以 2021 年 3 月 31 日 12:00 时监测热点为例,图 2-23 和图 2-24 分别为时序法和空间阈值法的监测结果。对比可知,火势较为微弱的热点可以从时序法中提取,但空间法未判识出;而相比空间法,在大气状况复杂的情况下,时序法易出现误告警的情况。

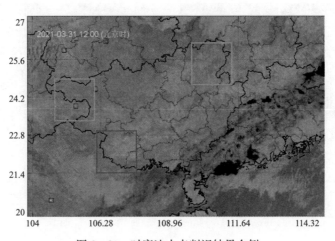

图 2-23　时序法火点判识结果个例

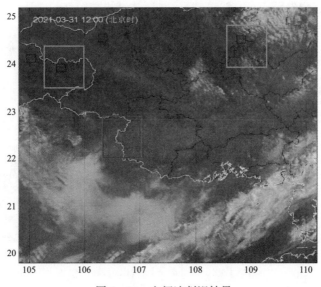

图 2-24　空间法判识结果

（4）时序法监测案例。

案例一：2021年4月2日14：40，云南省玉溪市元江哈尼族彝族傣族自治县发生山火，经纬度为101.855E，23.455N，过火面积50亩❶，山火持续时间约3h。

1）卫星监测告警信息（空间法阈值）。空间阈值法判识结果如图2-25所示。

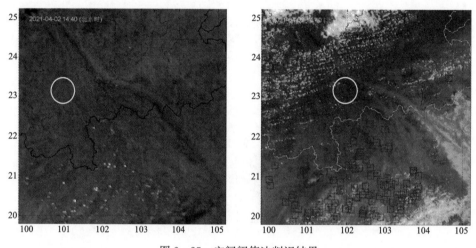

图2-25 空间阈值法判识结果

2）卫星监测告警信息（时序法）。时序法结果如图2-26所示。

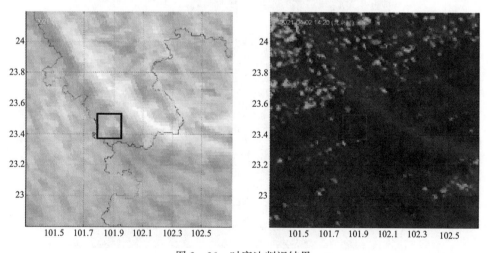

图2-26 时序法判识结果

---

❶ 1亩等于666.6666667m²。

3）两种方法对比。两种方法对比结果见表 2-4。

表 2-4　　　　　　　　　　　两 种 方 法 对 比 结 果

监测方法	获取时间	明火面积 （m²，以 750K 为基准）	提前时间 （min）
时序法	14：20	96	20
空间法	14：40	4330	

案例二：2021 年 4 月 1 日 14：31，广西壮族自治区百色市隆林各族自治县天生桥镇发生山火，经度 105.21°、纬度 24.85°，过火面积 300 亩，山火持续时间约 2.5h。

1）卫星监测告警信息（空间法）。空间法识别结果如图 2-27 所示。

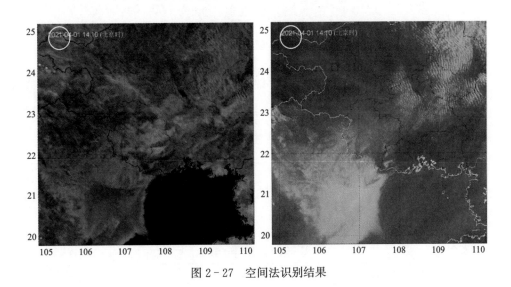

图 2-27　空间法识别结果

2）卫星监测告警信息（时序法）。时序法识别结果如图 2-28 所示。

3）两种方法对比。两种方法对比结果见表 2-5。

表 2-5　　　　　　　　　　两 种 方 法 识 别 结 果 对 比

方法	获取时间	明火面积 （m²，以 750K 为基准）	提前时间 （min）
时序法	14：00	1532	10
空间法	14：10	1420	

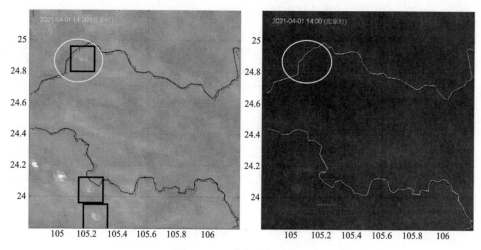

图 2-28　时序法识别结果

4. 变时空融合方法研究

基于南方电网所辖地区卫星遥感空间阈值方法获取的实际监测结果,对无火的晴空大气状态和有火点的频次做详细分析并提取有效参数,作为时序法的背景数据库,生成兼具空间自适应阈值法和时序法优势的山火变时空识别算法。然后利用广东、广西电网 2021 年 1 月 12 日至 14 日、18 日至 20 日、2 月 13 日至 15 日和 2 月 18 日共 10 天确认火点结果数据进行结果验证。经统计,10d 内共观测到 158 次,共计 108 次山火事件。表 2-6 为 112 次山火的详细信息。

表 2-6　　　　　　　　　　　　山　火　信　息　详　情

电网	区域	监测时间	经度	纬度
广西	柳州	2021-1-12 8:40	109.597	24.319
广西	桂林	2021-1-12 10:20	110.555	24.625
广东	潮州	2021-1-12 10:40	116.505	23.745
广东	汕尾	2021-1-12 12:40	115.865	22.945
超高压	梧州	2021-1-12 13:10	111.302	23.636
广东	梅州	2021-1-12 14:20	115.755	23.995
广东	清远	2021-1-12 14:30	112.65	24.175
广西	防城港	2021-1-12 14:50	108.48	21.655
广西	南宁	2021-1-12 15:50	108.915	23.285

续表

电网	区域	监测时间	经度	纬度
广东	韶关	2021 - 1 - 12 16：30	113.06	25.136
广东	广州	2021 - 1 - 12 16：40	113.528	23.254
广西	钦州	2021 - 1 - 12 17：00	109.202	22.436
超高压	南宁	2021 - 1 - 12 19：30	108.752	23.164
广西	南宁	2021 - 1 - 12 19：40	108.582	22.236
超高压	百色	2021 - 1 - 13 10：10	107.572	23.686
广西	贵港	2021 - 1 - 13 10：30	109.54	23.14
超高压	百色	2021 - 1 - 13 12：00	107.29	23.905
超高压	百色	2021 - 1 - 13 13：00	106.074	23.22
超高压	天生桥	2021 - 1 - 13 13：20	105.078	24.454
广西	南宁	2021 - 1 - 13 13：50	109.085	22.985
超高压	梧州	2021 - 1 - 13 15：50	110.455	22.225
超高压	来宾	2021 - 1 - 13 15：50	109.078	23.494
广西	南宁	2021 - 1 - 13 16：50	108.575	22.425
广西	玉林	2021 - 1 - 13 16：50	110.086	22.322
广西	河池	2021 - 1 - 13 17：10	108.298	24.374
超高压	梧州	2021 - 1 - 13 17：20	111.152	23.306
广东	汕头	2021 - 1 - 13 17：40	116.623	23.427
广西	北海	2021 - 1 - 13 17：50	109.5	21.8
超高压	柳州	2021 - 1 - 13 18：10	109.788	24.824
超高压	南宁	2021 - 1 - 13 19：20	108.362	23.416
超高压	百色	2021 - 1 - 14 8：30	106.23	24.125
超高压	南宁	2021 - 1 - 14 8：30	108.603	23.133
超高压	梧州	2021 - 1 - 14 9：00	110.65	23.95
超高压	百色	2021 - 1 - 14 10：10	107.52	23.772
广西	河池	2021 - 1 - 14 13：30	108.749	24.719
广东	河源	2021 - 1 - 14 14：00	115.23	24.05
广西	梧州	2021 - 1 - 14 14：30	111.263	23.513
超高压	柳州	2021 - 1 - 14 14：40	109.908	24.286
超高压	天生桥	2021 - 1 - 14 14：50	104.98	24.435
广东	河源	2021 - 1 - 14 15：50	115.34	24.395

续表

电网	区域	监测时间	经度	纬度
广东	河源	2021 - 1 - 14 16：30	115.477	24.363
广东	河源	2021 - 1 - 14 17：20	115.378	24.284
广西	玉林	2021 - 1 - 14 18：30	109.8	22.165
广东	韶关	2021 - 1 - 14 21：00	113.065	25.115
广东	梅州	2021 - 1 - 14 21：10	116.172	23.796
广东	茂名	2021 - 1 - 18 8：50	110.525	21.535
超高压	柳州	2021 - 1 - 18 9：00	109.617	24.489
超高压	柳州	2021 - 1 - 18 9：50	110.082	24.536
广西	贺州	2021 - 1 - 18 10：00	111.008	24.284
超高压	百色	2021 - 1 - 18 10：20	106.438	23.924
广西	来宾	2021 - 1 - 18 11：10	108.948	23.734
超高压	南宁	2021 - 1 - 18 12：30	108.915	23.29
广东	揭阳	2021 - 1 - 18 13：00	116.115	23.34
超高压	梧州	2021 - 1 - 18 14：10	110.7	23.255
广西	贺州	2021 - 1 - 18 15：00	111.355	24.71
广西	柳州	2021 - 1 - 18 15：00	110.012	24.516
超高压	梧州	2021 - 1 - 18 15：00	111.345	23.235
广东	茂名	2021 - 1 - 18 16：10	110.797	22.166
广东	河源	2021 - 1 - 18 19：20	115.53	24.34
超高压	柳州	2021 - 1 - 18 19：20	110.103	25.243
超高压	梧州	2021 - 1 - 19 10：00	111.07	23.835
超高压	南宁	2021 - 1 - 19 11：40	107.628	23.134
广西	北海	2021 - 1 - 19 12：30	109.57	21.865
超高压	南宁	2021 - 1 - 19 12：30	108.07	23.13
广东	清远	2021 - 1 - 19 14：10	112.755	24.065
广西	崇左	2021 - 1 - 19 14：10	107.403	22.327
广西	百色	2021 - 1 - 19 14：30	106.038	24.434
广东	惠州	2021 - 1 - 19 14：40	114.64	23.36
广东	梅州	2021 - 1 - 19 15：00	115.868	23.994
超高压	南宁	2021 - 1 - 19 15：10	107.795	23.32
超高压	广州	2021 - 1 - 19 15：40	112.185	23.875
超高压	梧州	2021 - 1 - 19 16：40	112.068	23.944

电网	区域	监测时间	经度	纬度
超高压	天生桥	2021－1－19 17：00	105.049	24.457
超高压	南宁	2021－1－19 17：30	107.795	23.32
超高压	贵阳	2021－1－19 18：00	107.118	25.894
广西	玉林	2021－1－19 19：20	110.003	22.327
超高压	柳州	2021－1－19 19：30	109.588	24.496
广西	北海	2021－1－19 20：00	109.342	21.626
超高压	百色	2021－1－20 9：50	106.43	23.945
超高压	百色	2021－1－20 9：50	105.985	24.503
广东	梅州	2021－1－20 10：40	115.815	24.105
广西	贺州	2021－1－20 13：10	111.405	25.075
超高压	柳州	2021－1－20 16：40	109.852	24.546
超高压	柳州	2021－2－13 8：10	109.745	24.717
广西	钦州	2021－2－13 14：00	108.505	21.985
超高压	南宁	2021－2－13 14：30	109.34	23.66
超高压	梧州	2021－2－14 10：00	111.358	23.694
广西	河池	2021－2－14 12：10	107.815	24.785
超高压	梧州	2021－2－14 12：40	111.29	23.255
广西	柳州	2021－2－14 14：40	109.73	24.51
超高压	贵阳	2021－2－14 15：10	106.838	26.064
广东	清远	2021－2－14 15：30	112.602	24.707
超高压	南宁	2021－2－14 18：40	109.1	22.775
广西	北海	2021－2－14 20：40	108.948	21.944
超高压	南宁	2021－2－14 20：40	109.637	23.637
超高压	柳州	2021－2－14 21：00	109.947	24.263
超高压	南宁	2021－2－15 8：40	109.47	23.605
超高压	梧州	2021－2－15 8：40	110.972	23.586
超高压	梧州	2021－2－15 10：00	111.178	23.724
广西	玉林	2021－2－15 11：20	109.622	21.946
广东	河源	2021－2－15 13：20	115.355	24.015
超高压	梧州	2021－2－15 13：20	110.92	23.927
广西	梧州	2021－2－15 14：00	110.948	23.334
广西	北海	2021－2－15 17：20	109.08	21.835

续表

电网	区域	监测时间	经度	纬度
广东	汕头	2021 - 2 - 15 17:30	116.37	23.432
广东	揭阳	2021 - 2 - 15 19:00	116.235	23.415
超高压	南宁	2021 - 2 - 15 20:50	109.395	23.605
广东	清远	2021 - 2 - 18 13:20	113.5	23.86

上述火点结果均由空间自适应阈值法提取获得，并通过地面人员的实地反馈检验其精度并对比时序法的监测结果。时序法的基本原理为被监测像元的能量随时序变化，其地表温度的变化和太阳角度息息相关。因此，首先需要获取各处山火发生时的太阳角度信息，然后根据各山火观测时间和位置信息，提取太阳高度角、天顶角和方位角信息。通过太阳高度角排序，分别提取每次山火的反射率和亮温信息，作为火点判识建模的初始阈值。参数信息详见表2-7。

表 2-7　　　　　　　　卫星监测山火物理参数信息

观测时间	高度角（°）	反射率（%）	中红外亮温（K）	中红外亮温差异（K）	远红外亮温（K）	远红外亮温差异（K）
8:00	3	2	280	3.32	276	0.1
8:10	13	3	293	5.26	286	0.44
8:10	13	4	306	11.42	285	0.32
8:10	11	7	304	3.16	289	−0.28
8:20	10	3	295	6.5	273	0.5
8:20	11	4	280	2.42	276	0.32
8:20	11	4	278	4.04	274	0.42
8:30	17	4	291	2.21	287	0.35
8:30	12	4	288	2.24	281	0.55
8:30	14	5	283	1.64	281	0.46
8:30	11	5	285	5.1	277	0.6
8:30	16	5	295	8.22	286	0.46
8:40	15	4	277	3.1	276	0.54
8:40	14	5	282	2.68	276	0.77
8:40	14	5	285	3.82	277	0.89
8:40	10	8	278	2.02	273	−0.03
8:50	16	6	282	2	278	0.69

观测时间	高度角 （°）	反射率 （%）	中红外亮温 （K）	中红外亮温 差异（K）	远红外亮温 （K）	远红外亮温 差异（K）
9：00	19	4	284	2.26	279	0.37
9：10	20	5	283	2.23	278	0.63
9：10	21	5	292	2.85	280	0.89
9：10	18	5	287	4.85	279	1.87
9：10	17	6	287	2.7	281	0.46
9：10	20	6	288	4.18	280	0.71
9：20	27	6	294	3.3	287	0.46
9：20	19	6	297	8.8	281	0.48
9：20	20	7	293	6.6	284	0.21
9：30	25	5	294	3.64	282	1.18
9：30	24	5	289	3.67	279	0.71
9：30	29	6	302	6.22	289	0.31
9：40	23	6	290	3.52	283	0.56
9：40	26	7	284	2.25	279	0.49
9：40	25	7	287	3.96	278	0.85
9：40	30	8	296	2.37	290	0.62
9：40	26	8	294	4.15	281	2.36
9：50	33	10	294	2.1	288	0.51
10：00	33	6	293	6.2	284	0.8
10：00	27	6	298	6.68	285	0.68
10：00	30	7	288	3.18	281	0.55
10：00	28	8	292	2.07	286	0.7
10：00	30	8	295	3.93	287	0.66
10：10	30	10	291	2.22	284	0.83
10：20	38	7	295	2.19	289	0.88
10：20	36	11	303	2.8	294	0.63
10：30	34	8	291	2.11	285	0.41
10：30	37	10	303	6.1	291	1.24
10：50	36	8	302	8.13	289	1.53
10：50	35	10	295	6.5	282	−1.72
10：50	44	10	305	7.54	293	0.57

续表

观测时间	高度角(°)	反射率(%)	中红外亮温(K)	中红外亮温差异(K)	远红外亮温(K)	远红外亮温差异(K)
11：20	37	8	292	2.12	285	0.73
11：30	39	7	296	2.27	288	0.4
11：30	43	9	296	2.59	290	0.06
11：30	46	9	311	11.61	391	0.08
11：30	42	10	296	2	289	0.25
11：40	50	7	307	5.27	293	0.38
11：40	44	8	297	2.24	290	0.36
11：40	50	8	303	3.25	294	0.33
12：00	46	8	303	3.78	292	0.5
12：00	43	9	298	3.93	289	0.25
12：20	44	6	295	3.23	288	0.57
12：20	44	9	299	2.29	289	0.2
12：30	44	8	300	2.28	290	0.17
12：40	45	9	304	4.58	293	−0.14
12：50	47	8	300	2.4	291	0.25
12：50	46	8	304	6.36	293	0
13：00	45	7	299	2.15	290	0.2
13：00	45	7	303	2.48	293	2.48
13：00	45	8	307	3.17	296	1.96
13：00	44	9	306	4.15	293	0.03
13：00	45	9	317	15.76	293	0.41
13：00	45	10	306	5.21	293	0.3
13：20	52	6	307	5.48	298	0.03
13：20	46	7	298	2.1	291	0.25
13：20	54	10	302	2.18	293	1.26
13：30	45	6	295	2.14	289	0.06
13：30	46	7	298	2.1	291	0.25
13：30	46	8	296	2.12	290	0.03
13：30	44	9	302	2.05	293	0.16
13：30	52	9	307	4.07	296	0.16
13：40	43	6	299	6.34	290	−0.06

观测时间	高度角 (°)	反射率 (%)	中红外亮温 (K)	中红外亮温 差异（K）	远红外亮温 (K)	远红外亮温 差异（K）
13：40	44	7	305	3.71	291	0.31
13：40	44	7	301	7	290	0.42
13：40	45	8	298	3.48	290	0.14
13：50	44	7	297	2.5	291	0.25
13：50	45	8	301	2.28	291	−0.22
13：50	43	8	303	5.54	289	0.28
13：50	51	9	308	3.25	297	0.14
14：00	40	4	292	3.44	287	0.06
14：00	42	5	296	2.1	288	−0.14
14：00	39	5	320	28.1	290	0.31
14：00	39	6	311	14.48	294	0.17
14：00	41	7	302	5.35	293	−0.05
14：10	42	6	292	2.42	288	−0.23
14：10	40	8	299	3.29	292	−0.08
14：10	48	8	299	3.73	288	−2.09
14：20	38	7	302	2.4	294	−0.13
14：30	35	5	304	7.2	294	−0.11
14：40	38	5	295	2.11	288	−0.11
14：40	39	5	299	3.43	292	−0.08
14：40	37	6	293	2.54	289	0.99
14：50	33	5	305	5.66	293	−0.22
14：50	37	5	308	12.91	288	0.26
14：50	39	6	301	5.1	291	−0.11
14：50	44	6	301	5.62	290	0.22
14：50	41	7	315	15.22	295	0.16
14：50	37	8	298	2.11	290	−0.17
14：50	36	9	296	2.63	292	−0.14
14：50	38	9	305	9.57	288	0.26
14：50	44	13	304	2.66	291	−2.51
14：50	34	5	304	3.2	293	−0.11

续表

观测时间	高度角 (°)	反射率 (%)	中红外亮温 (K)	中红外亮温差异 (K)	远红外亮温 (K)	远红外亮温差异 (K)
15：00	32	6	296	3.3	290	0
15：10	34	11	307	6.37	287	1.65
15：20	28	6	298	4.53	289	−0.28
15：30	28	5	299	9.77	288	0.23
15：30	34	6	298	2.36	289	−0.06
15：30	31	7	301	3.22	289	−0.2
15：40	30	5	300	3.88	291	−0.03
15：40	29	6	298	4	289	0.2
15：40	28	8	304	7.98	291	−0.08
15：50	29	5	305	4.82	291	−0.11
15：50	30	7	299	2.57	291	0.08
15：50	28	8	303	3.82	289	−0.2
16：00	27	6	294	2.67	289	−0.03
16：10	20	4	304	18.4	284	−0.12
16：10	24	7	301	2.08	290	−0.22
16：20	23	4	295	4.95	286	−0.32
16：20	21	5	304	8.66	291	−0.44
16：30	21	4	299	2.51	294	−0.46
16：30	20	5	295	5.1	287	−0.32
16：30	24	6	297	5.77	288	−0.14
16：30	20	7	295	2.9	287	−0.34
16：40	26	7	298	2.12	292	−0.19
16：50	19	5	296	3.6	288	−0.26
16：50	19	7	301	5.1	291	−0.11
17：00	15	5	294	4.83	287	−0.23
17：10	11	4	294	3.37	288	−0.45
17：30	4	2	299	2.78	283	−0.68
17：30	8	4	295	2	284	−0.2
17：40	7	2	298	10.03	286	6.21

续表

观测时间	高度角 (°)	反射率 (%)	中红外亮温 (K)	中红外亮温 差异 (K)	远红外亮温 (K)	远红外亮温 差异 (K)
17：40	12	6	296	2	291	−0.25
17：50	3	2	295.6863	2.68	282	1.45
18：30	−5	0	296	6.68	289	−0.11
18：40	−6	0	287	2.82	283	−0.21
18：50	−4	0	292	2.56	289	−0.11
19：00	−10	0	287	2.05	282	−0.09
19：00	−10	0	302	12.13	283	−0.12
19：10	−12	0	288	5.91	280	−0.28
19：20	−14	0	290	4.42	284	−0.18
19：20	−13	0	301	16.28	283	0.06
19：30	−16	0	280	1.69	278	−0.03
19：50	−17	0	291	2.47	288	−0.08
19：50	−25	0	297	15.32	282	0.3
20：00	−20	0	292	2.86	288	−0.06
20：00	−20	0	297	5.37	288	0.03
20：00	−22	0	296	9.87	283	0.12
20：30	−26	0	297	8.44	287	0.03

根据每个山火监测案例的观测时间、太阳角度、反射率、亮温和亮温变化等信息，结合时序法物理模型，分别做太阳高度角分段处理，将一天划分为五个时段，并对每个时段设定初始的反射率、亮温阈值。

（1）太阳高度角时段选取。根据模型样式和实际山火监测信息，将研究时段（太阳高度角度，ϕ）分为早中晚共三部分，即早晨时段（$0 \sim \phi_{max}$）、下午时段（$\phi_{max} \sim 0°$）和夜间时间（$\phi < 0°$）。

（2）三时段判识参数阈值。判识阈值见表 2-8。

表 2-8　　　　　　　　　判　识　阈　值

时段	早晨 (K)	下午 (K)	夜间 (K)
反射率（不超过）	10	16	0

续表

时段	早晨（K）	下午（K）	夜间（K）
中红外（不低于）	278	284	280
远红外（不低于）	276	280	277.5
中红外变化（10min）	3.5	3.0	2.5
远红外变化（10min）	1.5	1	0.8

（3）计算结果统计。对比空间阈值法与时序法共同监测到山火案例，时序法共有 57 次提前监测 1～2 个时次，占总监测次数的 56%；与原有相同监测到的共 31 次，占总监测次数的 30%；先比原有算法滞后的有 14 次，占 14%。与实际确认火点对比统计见表 2-9。

表 2-9 与实际确认火点对比统计

方法	次数	反射率	中红外亮温（K）	中红外亮温差异（K）	远红外亮温（K）	远红外亮温差异（K）
提前	57（56%）	6.58	295.26	3.72	287.42	0.27
相同	31（30%）	5.23	300.65	8.12	291	0.44
延迟	14（14%）	5.93	294.79	3.57	286.71	0.11
变时空法	可提前观测效率为86%					

（4）变时空算法效果分析。利用广东省、广西壮族自治区 2021 年 1 月 12 日至 14 日、18 日至 20 日、2 月 13 日至 15 日和 2 月 18 日共 10 天所有热点像元进行算法效果对比，结果见表 2-10。从表中可以分析，时序法监测效果和云覆盖度直接相关。在接近无云状况下，与空间法的平均一致性达 80%，当云覆盖较大时，平均一致性不到 50%。当采用两者算法融合的变时空算法时，可实现有云状态下的空间阈值法和晴空状态下的时序法结合使用，实现准确度、灵敏度两者兼顾。

表 2-10 时序法和空间法对应精度分析

日期	云覆盖度（%）	一致性	不一致	精度及滞后时次					
				空间法		时序法		变时空法	
1-12	2	632	134	86	1	83	1	86	1
1-13	5	547	175	81	2	76	2	81	2
1-14	9	699	141	85	2	83	1	85	1

日期	云覆盖度（%）	一致性	不一致	精度及滞后时次					
				空间法		时序法		变时空法	
1-18	0	553	113	84	1	83	1	84	1
1-19	3	1304	716	79	2	65	1	79	1
1-20	55	256	233	73	3	52	2	73	2
2-13	78	74	158	68	3	32	2	68	2
2-14	51	426	419	75	3	50	2	75	2
2-15	34	668	433	79	2	61	1	79	1
2-18	42	264	173	78	2	60	2	78	2

2.2　多参量融合山火监测装置及智能识别

2.2.1　基于深度学习的可见光目标识别方法

基于深度学习的山火和烟雾目标检测是一种有监督性学习的识别模式。利用人工事先建立的山火和烟雾样本库，通过模型训练后，能够自动学习所需要检测的山火和烟雾目标的可见光特征。算法可以实现自动提取特征，并根据特征情况自适应地调整模型内部参数，并进行持续学习、持续进步，最终成为高精度目标识别与检测器。

一般的深度学习检测目标方法是将上下左右四个角的坐标作为学习的对象［见图 2-29（a）］，而目前较为新颖的方法是在构建模型时将学习对象定为目标框的中心点［见图 2-29（b）］。检测器采用关键点估计来找到中心点，并在中心点位置回归出中心点到目标框偏移量的值（W，H），将目标检测转化为中心点与偏移值的检测，在一定程度上避免了误检。

对目标框偏移量进一步引入不确定性的概念。利用高斯模型式（2-48）来对偏移量（W，H）和不确定性（no_score）建模，使得深层网络在学习山火和烟雾目标中心点特征与回归偏移值的同时，也学习偏移值的不确定性。将网络学习出来的 W，H 作为均值，不确定性利用网络的最终输出经过 S 型函数

（a）　　　　　　　　　　　　　　　（b）

图 2-29　基于可见光的目标识别

（a）将上下左右四个角的坐标作为学习的对象；（b）将学习对象定为目标框的中心点

（sigmod）处理后，并将其作为标准差。此时标准差表明了点坐标的可靠性，0 表示非常可靠，1 表示不可靠，网络输出的每个 W、W_no_score、H 和 H_no_score 都满足均值为 μ，方差为 σ 的高斯分布。该方法通过修改网络结构增加网络输出从而学习偏移的不确定性（no_score），最终提升模型的可靠性。

$$f(x)=\frac{1}{\sqrt{2\pi}\sigma}\exp\left[-\frac{(x-\mu)^2}{2\sigma^2}\right] \tag{2-48}$$

$$\sigma(x)=\frac{1}{1+\exp(-x)} \tag{2-49}$$

由于此处对偏移量进行了高斯建模，则网络回归损失函数应当重新定义，回归损失函数采用 NLL_LOSS，见式（2-50），其取 0.1。

$$L_{wh}(\mu)=-\frac{1}{N}\gamma\sum_{i=1}^{N}\sum_{k=1}^{2}\log\left\{\frac{1}{\sqrt{2\pi}(\sigma+\varphi)}\exp\left[-\frac{(x-\mu)^2}{2(\sigma+\varphi)^2}\right]\right\} \tag{2-50}$$

式中　$L_{wh}(\mu)$——当前输出的 wh 的回归损失；

N——算法预测目标数量；

φ——极小值，取 $1e^{-6}$；

μ、σ——均值与方差，即为上文提到的网络的两个输出；

x——实际的标注数值经过尺度换算的值。

2.2.2　基于热成像技术的目标识别

杆塔上方装设的山火监测装置通过热成像扫描现场环境的实时红外图像后，

能够对图像中的火警区域进行识别，从而判断火情的真假。本书主要基于红外图像的特性，从火点图像的预处理、火点区域分割、特征提取和识别几个方面对火点红外图像进行处理和识别，从而提高识别的精度。识别流程如图 2-30 所示。

图 2-30　火点识别流程

图像的预处理主要采用直方图均衡化和中值滤波技术。直方图均衡化能够增强整幅图像的对比度，3×3 的中值滤波能够在消除噪声的同时又最大限度地保留图像的边界轮廓，使火点区域特征更加明显。原图和直方图均衡化对比如图 2-31 所示。

(a)　　　　　　　　　　　　　　　(b)

图 2-31　原图和直方图均衡化对比

(a) 原图；(b) 直方图均衡化

火点区域分割技术的目的是将山火目标与背景分割开来。分割的阈值选取采用最大类间方差法，该方法基于图像的灰度直方图，在类间方差最大时能够给出当前灰度图片最好的分割阈值。

特征提取和识别是通过提取火点的静态特征、动态特征，然后利用 SVM 或 AdaBoost 分类器进行建模与学习，进而识别出火点。其中，火点的静态特征主要是利用火点疑似区域的几何特征做初步判断。几何特征包括火焰图像区域的面积、周长与外形等。通过判定规则与非规则图形的设定来规避一些火灾红外图像中干扰源，例如太阳，房顶等。火点的动态特征主要是指随着火焰的燃烧，火点疑似区域会呈现出不断扩大、不规则运动的特征。通过连续分析多帧红外热成像图像，利用区域的质心、面积变化率作为火灾判断的动态依据，可排除固定干扰源的影响。

2.3　空地协同融合告警方法

2.3.1　遥感山火识别卫星

当前南方电网山火监测预警业务中，主要采用多源卫星融合监测方法。所接入的卫星包括 FY‑4A、葵花 8 号两颗静止卫星和 FY3 系列、NPP 等极轨卫星。其卫星信息介绍如下。

1. 新一代静止气象卫星

（1）风云四号。风云四号卫星包括 A 星和 B 星，均为我国第二代地球静止轨道定量遥感气象卫星。与极轨气象卫星相比，静止气象卫星在热点监测方面优势明显，主要体现在高时空分辨率和高时效性。新一代静止气象卫星在各通道的分辨率上相比以前有明显提高，如可见光最高为 0.5km，用于热点监测的红外通道分辨率为 2km；在时间分辨率上，FY‑4A 静止气象卫星最高观测频次为 5min，一天可进行两百余次观测。利用该高频观测特性，可实现连续获取热点信息并观测热点动态发展。数据传输时效上，卫星数据在数分钟内即从卫星上传输至地面接收站，后续经辐射校正、定位校正、投影转换及热点判识和信息获取，从卫星原始数据到热点信息获取，整个过程仅需要 15min。

（2）葵花 8 号卫星（Himawari‑8）。Himawari‑8 气象卫星是日本最新一代静止轨道同步气象卫星，于 2014 年 10 月发射。2015 年 12 月替代 MTSAT 气象卫星正式服役，其数据量是 MTSAT 的 50 倍，空间分辨率、观测通道和观测频率均有极大提高。葵花卫星的多通道扫描辐射计共具有 16 个通道，其中，可见光通道云图分辨率达到 0.5km，近红外和红外通道云图分辨率达到 1～2km，全盘图观测频率达到每 10min/次，是世界上最先进的气象卫星之一。它的投入使用为山火监测和气象预报提供了一种更加先进更为有效的工具。

2. 极轨气象卫星

（1）风云三号。风云三号系列气象卫星是为了满足中国天气预报、气候预测和热点监测等方面的迫切需求建设的第二代极轨气象卫星，由五颗卫星组成（FY-3A、FY-3B、FY-3C、FY-3D 和 FY-3E），目前在轨业务运行的为后三颗。风云三号气象卫星的目标是获取地球大气环境的三维、全球、全天候、定量、高精度资料。其装载的探测仪器有：10 通道扫描辐射计、20 通道红外分光计、20 通道中分辨率成像光谱仪、臭氧垂直探测仪、臭氧总量探测仪、太阳辐照度监测仪、4 通道微波温度探测辐射计、5 通道微波湿度计、微波成像仪、地球辐射探测仪和空间环境监测器。"风云三号"配置的有效载荷多，实现了我国气象卫星从单一遥感成像到地球环境综合探测、从光学遥感到微波遥感、从千米级分辨率到百米级分辨率的飞跃，其监测时间周期为每天。风云三号卫星主要用于有关大雾、冰凌、积雪覆盖、水情、火情等方面的监测服务。

（2）NPP 卫星。NPP（NPOESS Preparatory Project）卫星是由美国NASA、NOAA 共同研发的一颗全球环境观测卫星，与 MODIS、ASTER 等卫星共同构成著名的对地观测系统（earth observing system，EOS）。NPP 卫星系统包括 5 个传感器，可收集陆地、大气、冰层和海洋在可见光和红外波段的辐射图像。NPP 还能追踪大气臭氧和气溶胶以及海洋和陆地表面温度。NPP 卫星搭载的可见光红外成像辐射仪、扫描式成像辐射仪，对陆地表面温度、火灾具有超高的灵敏度。因此，NPP 也能够监控火山爆发、森林火灾、干旱、洪水、沙尘暴、飓风/台风等自然灾害。

上述卫星中，风云三号系列和 NPP 都是极轨卫星，风云四号系列和 Hima-wari-8 属于静止卫星。与地面相比，卫星遥感具有监测范围广，成本低的优势，但其局限性也较为明显。即卫星分辨率相对较低，定位易产生偏差，对小火点易漏告警。

2.3.2 地面山火告警装置研制和巡检策略

1. 地面山火在线监测装置

地面山火在线监测装置如图 2-32 所示。装置主要由热成像模块、可见光模块、全景值守模块、云台传动模块、微气象模块、边缘人工智能（artificial intelligence，AI）分析模块、主控模块、通信模块等构成，实现 24h 全天候、低功耗山火智能监测识别分析。

（1）热成像模块：装置搭载长焦、高分辨率热成像镜头，满足 3/5km 距离的山火隐患实时监测。

（2）可见光模块：装置配备 40 倍/400 万超清变焦镜头，能够满足远距离目标的可视化监测，同时搭载低照算法，具备夜间星光级监测功能。

（3）全景值守模块：主要由基座 6 摄一体化集成，满足水平 360°范围全景监测，结合人工智能算法，实现输电线路低功耗全天候山火隐患值守。

（4）云台传动模块：装置支持水平 360°和垂直±90°转动，采用高精度云台、同轴转动方案设计，满足热成像与可见光变倍同视角画中画效果展示。

（5）微气象模块：支持温湿度、风速风向、雨量、气压、光辐射等七维微气象数据采集，实时掌握杆塔及周边环境的气候变化情况。

图 2-32　地面山火在线监测装置结构图

（6）边缘 AI 分析模块：内置高算力 AI 模块，采用轻量级＋模型压缩方法，将已训练的模型内置装置前端，进一步提升山火识别效率。

（7）通信模块：装置支持 5G/4G 自适应通信方式，满足全网通信需求。

2. 装置山火巡检设计方案

（1）低功耗值守设计。为解决输电线路山火监测无市电供电、设备功耗大的难题，地面山火在线监测装置采用全新低功耗值守监测模式，首先全景摄像机开展初步告警识别，联动高精度云台快速定位至检测目标，通过红外热成像及可见光对火点进行复核确认，装置运行平均功耗低至 3～4W，可实现 24h 全天候不间断山火识别，整体方案设计如图 2－33 所示。

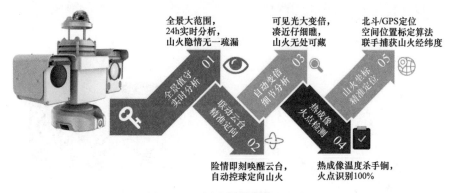

图 2－33　低功耗值守设计方案

详细设计方案如下：

1）全景值守、实时分析：装置整体除基座外的部件全部休眠不工作，主要由 6 目全景摄像机＋智能 AI 分析模块，对输电线路水平 360°范围内可视化 AI 实时分析监测，能够实现 24h 山火隐患连续监测。基座全景值守示例如图 2－34 所示。

2）联动云台、精准定向：当基座全景 AI 识别到山火隐患后，即刻唤醒高精度云台，装置自动控球、定向转动到 AI 分析出山火隐患的区域。

3）自动变倍、细节分析：云台定向到山火区域后，可见光高清变倍镜头自动变焦、画面放大到 AI 识别目标区域，提高隐患识别的效果。全景与变倍联动分析示例如图 2 - 35 所示。

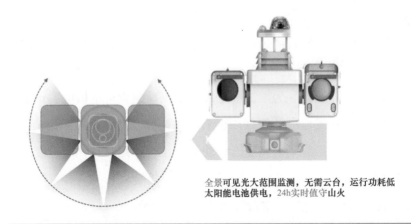

全景可见光大范围监测，无需云台，运行功耗低
太阳能电池供电，24h实时值守山火

及时发现隐情，最大限度减少山火损失

图 2 - 34　基座全景值守示例

➢ 全景可见光AI识别疑似火情信息
➢ 全景发送内部告警信息，联动双光谱云台
➢ 可见光变倍和热成像对疑似火情进行二次识别确认

准确识别山火，减少误报带来的人力物力投入

图 2 - 35　全景与变倍联动分析示例

4）热成像、山火确定：为降低山火误报率、提升隐患识别的可信度，通过热成像镜头对隐患区域进行火点温度的检测，若温度超过 50℃（阈值可设定），则可最终确定山火隐患告警准确率 100％。热成像山火精准确定示例如图 2 - 36 所示。

5）山火坐标、精准定位：装置内置高精度北斗/GPS 定位功能，结合空间像素位置标定算法，当监测到山火隐患后，自动上报山火隐患的经纬度数据，进一步提升输电线路运维管理人员对隐患处置的响应速度。山火坐标定位示例如图 2-37 所示。

图 2-36　热成像山火精准确定示例

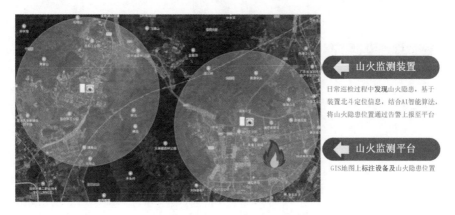

图 2-37　山火坐标定位示例

（2）动态智能巡检设计。针对季节性干燥、山火易发区域，仅有低功耗值守模式可能还无法满足实际运维监测的需要，地面山火在线监测装置基于前端微气象监测模块，结合节假日时间数据信息、当地热点密度数据，自动输出巡检策略，具体设计方案如下。

1）装置主控单元定时对微气象模块的数据进行阶段性分析，当判断到当前环境温度高、湿度低、无降雨，且处于山火易发时间段内（如清明）、当地山火热点密度较高的条件下，装置会基于低功耗值守巡检设计的基础上，自动输出巡检策略，启动云台、热成像和可见光模块，对周边区域开展实时山火巡检，实现山火隐患的及早发现。

2）装置主控模块分析到当前温度低、湿度高，不在山火易发时间段内（如冬至），判断山火隐患发生概率较低情况下，自动降低巡检频次，既可满足实际运维巡检的需求，也能降低装置运行功耗，无需人工干预、运维更省心、更便捷。动态智能巡检示例如图 2-38 所示。

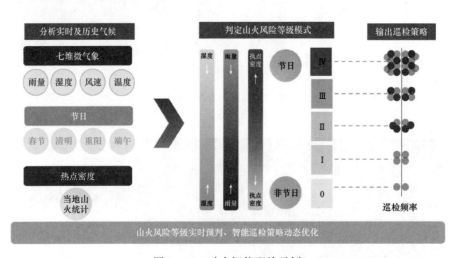

图 2-38　动态智能巡检示例

（3）自动巡检。针对部分山火易发区或特殊需求，地面山火在线监测装置具备常规山火装置的预置位扫描、巡航扫描、全景扫描等自定义定时巡检模式，满足输电实际运维场景的需要，可结合气象监测情况（如低温冰冻、降水条件下），实时调整巡检频率，节约功耗。自定义巡检示例如图 2-39 所示。

3．装置功能设计介绍

（1）云台双光谱山火监测。地面山火在线监测装置搭载不同焦距的热成像镜头及高清可见光变焦镜头，其中热成像镜头实现火点温度判断，可见光变焦镜头实现人工二次分析确定，结合云台水平 360°和垂直±90°设计，通过双光谱镜头联动验证，保障山火监测的准确性和及时性。双光谱山火监测如图 2-40 所示。

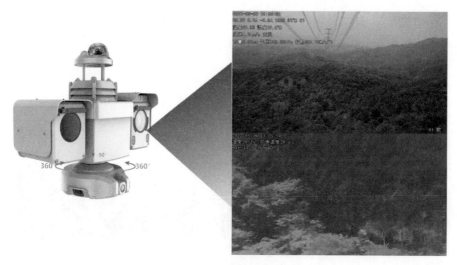

图 2-39　自定义巡检示例

图 2-40　双光谱山火监测

（2）基座全景可见光监测。为保障监测区域的全时山火段监测覆盖，装置搭载 6 目低功耗全景镜头，满足输电线路 360°范围内的实时监测，实现 24h 的可见光全景值守。基座全景监测效果如图 2-41 所示。

（3）前端山火 AI 告警。为提升隐患识别速度，装置采取边缘计算方案，前端搭载高算力智能计算单元，基于多层神经卷积网络的智能分析算法，加以百万张样本素材训练及优化得到的算法模型，通过远程升级方式加载于装置前端，实现山火、烟雾隐患识别高准确率。人工智能 AI 分析如图 2-42 所示。

准确识别山火，减少误报带来的人力物力投入

图 2-41　基座全景监测效果

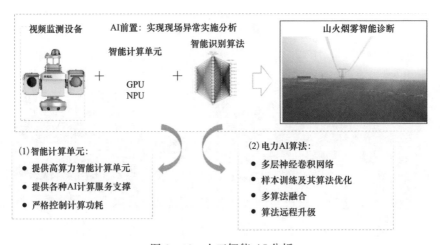

图 2-42　人工智能 AI 分析

装置山火巡检扫描过程中，通过表 2-11 中所述的 5 种山火检测模式（配置为其中一种），使用可见光变焦镜头、红外热成像镜头对当前位置进行火点、烟雾检测，并生成告警信息。山火智能识别效果如图 2-43 所示。

表 2‑11　　　　　　　　　　　　　　　山 火 检 测 模 式

山火检测模式	描　述
任意模式	不论是检测到火点或是烟雾，均产生报警并上传报警信息。默认为任意模式
协同模式	（1）检测到火点的同时确认是否伴有烟雾。如果无烟雾，则只进行火点报警并上传；如果有烟雾则产生火点和烟雾两种报警并上传。 （2）检测到烟雾的同时需确认是否有火点，如果无火点则只进行烟雾报警并上传；如果有火点则产生火点和烟雾两种报警并上传
多确认模式	只有当同时检测烟雾和火点，设备才会产生报警并上传报警信息，否则将不进行报警
指定火点	单一火点检测，不检测烟雾，检测到火点时报警并上传
指定烟雾	单一烟雾检测，不检测火点，当检测到烟雾时报警并上传

图 2‑43　山火智能识别效果

（4）无关区域热点屏蔽。在山火监测覆盖区域，可能会有常规的热源、烟雾等山火特征因素，如村庄炊烟、工业烟囱、作业机械发热等，但非真实山火场景。为降低非隐患告警数量，提升告警的有效性，装置可对特殊区域进行热点屏蔽设定。区域屏蔽配置完成后，全景监测及云台巡检过程中如有屏蔽的区域，则不对区域内的山火隐患因素做告警数据上报。热点区域屏蔽如图 2-44 所示。

> 屏蔽烟囱、火电厂等正常热源，不检测此区域山火，避免误报。
> 屏蔽类型支持火点、烟雾、火点+烟雾，适应不同屏蔽对象。

图 2-44　热点区域屏蔽

（5）微气象环境监测。输电线路常建设在走廊风口、峡谷、分水岭等地形复杂、气候多变、具有明显立体气候特征的微气象地区，因微气象的变化容易引起线路覆冰、导线舞动导致的线缆断股、山体滑坡导致的倒塔等危害，严重影响输电线路的稳定运行。

地面山火在线监测装置集成七维微气象监测模块，可实现温湿度、风速风向、雨量、太阳辐射、气压等气象实时监测。在满足动态智能巡检方案应用的同时，也能实时监测输电线路局部气象，可根据装置微气象历史数据信息，实现杆塔本体运行状态的精准化监测，提升输电杆塔运行的安全性。微气象数据展示如图 2-45 所示。

（6）智能维护高效管理。装置具备自检测与自恢复功能，能够记录自身运行状态信息，发生故障时能够自动恢复正常运行；装置具备流量和电量智能管理，减少因人为疏忽导致流量、电量消耗过大引起离线的问题，保障装置运行可靠性，提升运维人员巡检效率。智能管理如图 2-46 所示。

图 2-45 微气象数据展示

图 2-46 智能管理

2.3.3 空地协同融合告警效果

南方电网山火监测预警中心与国家卫星气象中心多年来一直保持常规化合作机制，近几年来南方电网山火监测预警中心共利用卫星遥感监测影响 35kV 及以上的线路山火热点 2031 处，运维人员开展现场核查及处置 1727 处，准确率超过 85%。仅广东省 2021 年 1 月，利用多源卫星和地面山火装置联合观测预警处置五处重大山火和数十处小火点，空地融合的山火监测预警方法突显重要作用，尤其是梅州市五华县崎岭镇"1·12"山火、河源市连平县大湖镇"1·14"山火和广州市花都区狮岭镇"1·17"山火的三处重大山火，持续燃烧时间超过 12h，过火面积超过 100 公顷❶，为排除和降低山火输电线路安全隐患提供重要保障。

2.4 应用案例验证

南方电网近几年来，利用多源卫星和地面山火装置联合观测预警处置各类重大山火数百起，空地融合的山火监测预警效果较为显著，以南方电网山火中心从样本库中随机提取的 13 个案例为例进行验证，包含广东省、云南省等典型区域，具体见表 2-12。从地面装置监测、卫星遥感及融合监测方式分别进行分析，以验证空地协同融合告警方法的及时性和准确性。

表 2-12　　　　　　　　典 型 山 火 监 测 案 例

序号	地面反馈时间	地点	影响线路	卫星告警		融合告警
				观测时间	告警时间	
1	2021-5-13 13：50	揭阳市	500kV A 线 N24	13：30	13：50	13：50
2	2021-2-7 15：00	梅州市	220kV B 线 N50	14：30	14：50	14：50
3	2020-4-15 14：00	贵阳市	500kV C 线（10～21 号）	13：40	14：00	14：00
4	2021-2-3 19：10	梅州市	220kV D 线（33～42 号）	14：40	15：00	15：00
5	2021-3-5 17：10	文山市	±500kV E 线（858～867 号）	16：30	16：50	16：50
6	2020-5-9 18：10	昆明市	500kV F 线（394～404 号）	19：00	19：20	18：10
7	2020-4-1 15：20	楚雄市	±500kV G 线（61～70 号）	14：40	15：00	15：00
8	2020-4-2 9：20	大理市	500kV H 线（47～54 号）	12：30	12：50	9：20
9	2020-3-31 15：40	临沧市	500kV I 线（458～466 号）	15：40	16：00	15：40
10	2020-3-31 5：10	红河市	500kV J 线（225～233 号）	00：10	00：30	00：30
11	2020-3-29 13：20	大理市	500kV K 线（118～131 号）	13：00	13：20	13：20
12	2021-1-16 12：50	梅州市	500kV L 线（99～114 号）	12：30	12：50	12：50
13	2021-1-3 17：40	河源市	220kV M 线（77～89 号）	17：30	17：50	17：40

（1）"2021-05-13"广东省揭阳市山火监测。2021 年 5 月 13 日 13：30 静

---

❶ 1 公顷等于 10000m²。

止气象卫星观测数据显示，广东省揭阳市出现山火，火区中心位于 116.204E、23.374N，如图 2 - 47（a）所示。同时地面监测装置也发现该山火，如图 2 - 47（b）所示。从地面监控图像可见，该山火位于输电线路附近，山火引起的烟尘对输电线路造成了影响。

 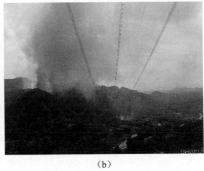

（a）　　　　　　　　　　　　　　　（b）

图 2 - 47　"2021 - 03 - 29"广东省揭阳市山火监测

(a) 卫星监测图像；(b) 地面监测装置图像

（2）"2021 - 02 - 07"广东省梅州市山火监测。2021 年 2 月 7 日 14：30 静止气象卫星观测数据显示，广东省梅州市出现山火，火区中心经纬度为 115.98E，23.96N，如图 2 - 48（a）所示。同时地面监测装置也发现该处山火，如图 2 - 48（b）所示。地面监控图像可知山火点上方有较大的烟雾。空地联合监测显示本次山火从燃烧之初至当日的 20：30，火势不断增大，如图 2 - 48（c）所示。

（a）　　　　　　　　　　　　　　　（b）

图 2 - 48　"2021 - 02 - 07"广东省梅州市山火监测（一）

(a) 卫星监测图像；(b) 地面监测装置图像

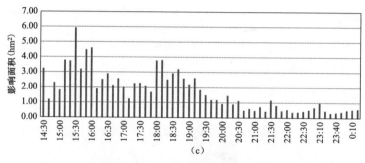

图 2-48　"2021-02-07"广东省梅州市山火监测（二）

（c）山火影响面积与时间的关系

（3）"2020-04-15"贵州省贵阳市山火监测。2020年4月15日13：40静止气象卫星观测数据显示，贵州省贵阳市出现山火，火区中心经纬度为107.47E，25.665N，如图2-49（a）所示。与此同时，地面监测装置监测到该处山火发生时，周围已被烟雾包围，能见度较低，如图2-49（b）所示。空地联合监测显示本次山火持续时间为3h左右，由于烟雾对卫星遥感与地表监测装置的遮蔽作用，中间部分间隔时次出现空档，如图2-49（c）所示。

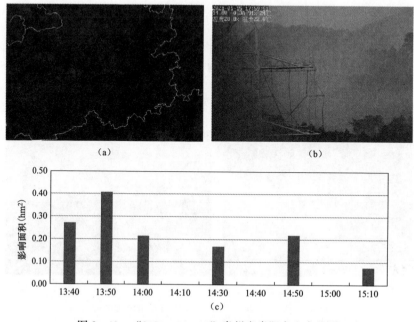

（a）　　　　　　　　　　　　（b）

图 2-49　"2020-04-15"贵州省贵阳市山火监测

（a）卫星监测图像；（b）地面监测装置图像；（c）山火影响面积与时间的关系

　　(4)"2020 - 03 - 29"云南省大理白族自治州山火监测。2020 年 3 月 29 日 13：00 静止气象卫星观测数据显示，云南省大理白族自治州出现山火，火区中心经纬度为 100.488E、25.054N，如图 2 - 50（a）所示。地面监测装置未发现明火，但监测到烟雾信号，如见图 2 - 50（b）。空地联合监测显示本次山火持续时间为 2h 左右，中间间隔时次出现因烟雾遮挡产生监测空档，如图 2 - 50（c）所示。卫星多时次观测图上显示，本次火情涉及范围相对固定，大致向西方向蔓延，如图 2 - 50（d）所示。

　　(5)"2020 - 03 - 31"云南省红河红河哈尼族彝族自治州山火监测。2020 年 3 月 31 日 1：20 静止气象卫星观测数据显示，云南省红河红河哈尼族彝族自治州出现山火，火区中心经纬度为 102.18E，23.3N，如图 2 - 51（a）所示。地面监测装置于当日白天发现山火并监测到大量的烟雾信号，如图 2 - 51（b）所示。空地联合监测结果显示本次山火持续时间为 6h 左右，如图 2 - 51（c）所示。

图 2 - 50　"2020 - 03 - 29"云南省大理白族自治州山火监测（一）

（a）卫星监测图像；（b）地面监测装置图像；（c）山火影响面积与时间的关系

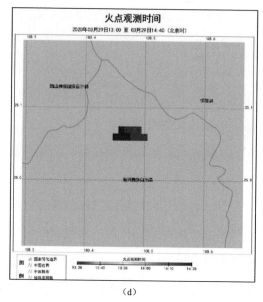

（d）

图 2-50 "2020-03-29"云南省大理白族自治州山火监测（二）

（d）火点观测时间

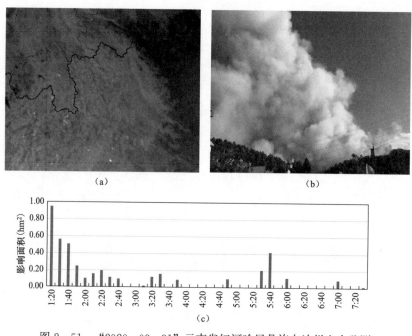

（a）

（b）

（c）

图 2-51 "2020-03-31"云南省红河哈尼彝族自治州山火监测

（a）卫星监测图像；（b）地面监测装置图像；（c）影响面积与时间的关系

（6）"2020 - 04 - 01"云南省楚雄市山火监测。2020 年 4 月 1 日 15：20 静止气象卫星观测数据显示，云南楚雄市出现山火，火区中心经纬度为 101.823E，25.9N，如图 2 - 52（a）所示。地面监测装置监测到明显火焰与烟雾，如图 2 - 52（b）所示。空地联合监测显示本次山火持续时间为 21h 左右，山火从起火开始至至当日 17：00 火势逐渐变大，从 17：00～21：00，火势逐渐减小，后续火势相对平稳，一直维持至次日中午，如图 2 - 52（c）所示。卫星多时次观测和持续时间图显示，本次火情影像范围大、持续时间长、主蔓延方向为东北方向，见图 2 - 52（d）和图 2 - 52（e）。

（7）"2021 - 02 - 03"广东省梅州市山火监测。2021 年 2 月 3 日 19：10 静止气象卫星观测数据显示，广东省梅州市出现山火，火区中心经纬度为 116.437E，24.337N，如图 2 - 53（a）所示。地面监测装置同时监测到山火明火和火场的大量烟雾，如图 2 - 53（b）所示。空地联合监测显示本次山火持续时间为 5h 左右，除 15：00 的火势突增，其余时次火势发展比较平稳，如图 2 - 53（c）所示。

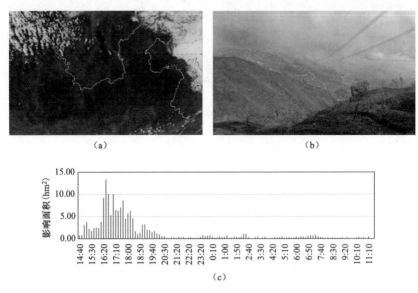

（a）　　　　　　　　　　　　　　　　　　（b）

（c）

图 2 - 52　"2020 - 04 - 01"云南省楚雄市山火监测（一）

（a）卫星监测图像；（b）地面监测装置图像；（c）山火影响面积与时间的关系

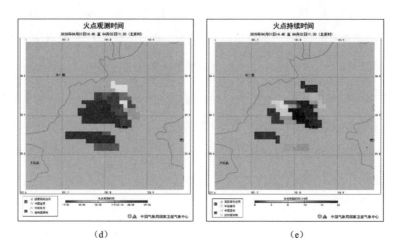

（d）　　　　　　　　　　　　（e）

图 2-52　"2020-04-01"云南省楚雄市山火监测（二）

（d）火点观测时间 （e）火点持续时间

（a）　　　　　　　　　　　　（b）

（c）

图 2-53　"2021-02-03"广东省梅州市山火监测

（a）卫星监测图像；（b）地面监测装置图像；（c）山火影响面积与时间关系

2.5　本　章　小　结

由于南方电网所在五省地区高程差较大且地形起伏多变，现有卫星遥感山火监测技术易受定位偏移影响。为准确获取山火发生的精确位置，减少山火漏告警数量，本书采用了卫星山火精确定位校正方法减小定位偏差。在山火火点提取中，重点研究了空间阈值法和时序法相结合的变时空尺度卫星遥感山火判识方法，既可实现微弱热点的判识和火情发展初期的热点及时发现，又能跟踪火势变化，实现火情及时发现和火势动态监控。

（1）利用广东省、广西壮族自治区 2021 年 1 月 12 日至 14 日、18 日至 20 日、2 月 13 日至 15 日和 2 月 18 日 10 天共计 108 次山火事件确认火点结果数据做测试检验，提出了基于时间序列的火点判识方法，并利用该样本数据建立了时序法的模型，平均监测效率可提高 1～2 个时次（10～20min）。

（2）时序法中，主要依靠在中红外（远红外）通道亮温监测火情发展初期的微小火点。经验证，时序法在晴空条件下监测效果较为良好，有云或者在晨昏时段误差较大。

（3）当前复杂环境下输电线路山火卫星热点识别普遍采用空间法，但该方法在火点阈值方面存在一定的局限性。时序法作为新型的静止卫星火点监测方法，能提高卫星监测灵敏度与时效性。采用两者融合的变时空尺度山火监测方法，可有效结合两者优势，实现微小火点的早期发现和持续观测，提高输电线路山火识别准确性。

（4）地面山火监测装置仪器灵敏度与监测时效性高，在小区域内具有独特的优势。而静止气象卫星的观测频次高，可实现广域范围的观测，将地面监测装置与卫星数据相结合，可实现山火蔓延走势和火势强度变化的动态监测。

第3章　架空输电线路山火跳闸机理研究

通过调研 2015—2020 年间南方电网山火跳闸案例，分析了山火跳闸规律并统计了易于引发线路跳闸的五种高风险植被。针对南方电网典型高风险植被，搭建了模拟山火跳闸试验平台，测量了不同植被的火焰温度分布，分别对海拔、植被垛密度、间隙距离、电压等级、植被种类、纯烟雾、地形坡度、植被湿度因素影响下的相地和相间空气间隙的交直流击穿特性进行研究，获得多参量影响的长空气间隙的交、直流击穿特性。建立了火焰通道分段的架空线路跳闸概率模型，编制了山火跳闸风险评估软件，为输电线路在山火条件下的安全稳定运行提供参考。

3.1　南方电网山火跳闸规律及高风险植被调研

基于南方电网区域内 2015—2020 年间山火诱发高压输电线路跳闸事故的统计数据，研究了山火跳闸时空分布规律，分析了气象条件和地理条件对间隙击穿特性的影响，确定了引发山火跳闸的五种高风险植被。

3.1.1　山火跳闸历史数据时空分布规律

2015—2020 年间南方电网输电线路因山火灾害跳闸总数达 400 余次，其中，重合闸成功占比 38.3%，重合闸动作不成功占比 53%，因相间故障重合闸闭锁未动占比 1.99%，重合闸未投占比 6.47%，跳闸后强送电成功占比 0.249%，输电线路山火跳闸重合闸成功率仅为 40% 左右。

1. 山火跳闸月度分布规律

输电线路因山火跳闸月度分布规律总体上与森林火灾月度分布规律基本相同。南方电网山火跳闸时序分布具有较强的季节性特点。每年进入 2 月后，山火导致的输电线路跳闸事故急剧上升。初春的2～5月是跳闸事故的高发时期。该段时间恰逢初春天气干燥季节，因植物干枯易被点燃导致山火蔓延，冬春季烧荒、春节庆典及祭祖、清明祭祖等行为等用火行为多易引发山火。同时，在这三个月出现的山火灾害有过火面积大、影响范围广等特点。往往会导致同一条输电线路上相邻的多个杆塔或者相邻输电线路均发生跳闸事故，甚至会出现同一线路的同一杆塔在短时间内出现多次跳闸的现象。因此每年进入2月后需要对输电线路走廊山火做重点预防。

6月～次年1月因山火导致的跳闸事故发生次数明显降低。除个别年份山火跳闸事故发生较多以外，在此期间每月跳闸次数占比均小于10％。南方电网输电线路因山火跳闸月度分布如图3-1所示。

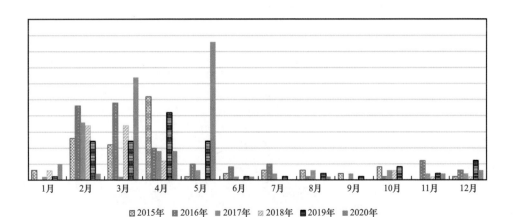

图3-1　南方电网输电线路因山火跳闸月度分布

2. 山火跳闸时段分布规律

将历史山火跳闸次数按日统计发现，2月小年、春节、元宵节等传统节日山火跳闸事故的次数占2月跳闸总数的14.6％；4月跳闸事故发生在清明节前后的次数最高，占4月跳闸总数的43.3％。每年2～4月气候干燥，降雨量少，植被含水率低，且在春节以及清明节等传统节假日时人们有扫墓祭祖的习俗，容易引发大面积山火灾害。

从输电线路山火跳闸的具体时间段上看，山火跳闸集中发生在每日下午和中午时段。其中 14：00～16：00 时段内最多，占比 34.3％；其次为 12：00～14：00 时间段，占比 24.8％；再次分别为 10：00～12：00 和 16：00～18：00，分别占比 11.3％和 16.1％。在一天当中，因山火导致的输电线路跳闸现象易发生在日照最充足且气温最高的时候。相较于中午和下午而言，晚上和凌晨山火跳闸事故发生的概率很小。

3.1.2　气象条件对跳闸事故的影响

由气体放电理论可知，因大气的压强、温度、湿度等条件都会影响空气的密度、电子自由行程、碰撞电离及吸附过程，所以间隙的击穿电压与温度、湿度、气压等因素直接相关。

1.气温的影响

2020 年南方电网跳闸地点不同气温的天数统计如图 3-2 所示。

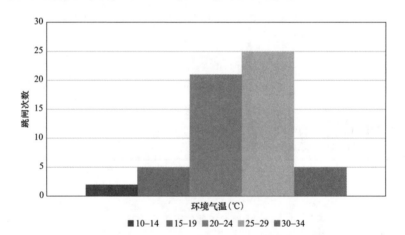

图 3-2　2020 年南方电网跳闸地点不同气温天数统计

在所有统计的山火跳闸数据中，气温在 10～19℃的天数只占 12％；气温在 20～29℃的天数占比 79.3％；气温在 30℃以上的天数占比 8.6％。理论上，气温越高，森林火灾更易形成，山火跳闸的次数也越多，气温在 30℃以上的占比仅为 8.6％的原因为在整个南方电网的辖域范围内，气温超过 30℃的天数本身占比不高，山火跳闸主要集中的区域为 20～29℃范围内，且在 25～29℃范围中的占比相对更高。究其原因，相对较高的温度有利于树木和腐殖质的干燥，更易形成森林火灾，且在树木密度较大时，更容易引发大面积的树冠火，危害线路的绝缘水平。

气温主要影响的是山火发生的概率，对山火条件下线路跳闸的概率并没有直接的影响。长时间的高温会使植被干燥，植被枝叶含水量降低，从而导致火势更大，火焰高度更高。另外，当枝叶的含水量较低时，燃烧产生的烟雾浓度会有所降低，在部分高电压等级的输电线路中，输电走廊的植被燃烧高度达不到全桥接的情况，部分跳闸甚至发生在火焰高度占比相对较低的部分，烟雾的影响可能占据主要部分。因此在长时间的高温下，某些线路的绝缘水平可能会高于低气温的情况。

2. 空气相对湿度的影响

根据 2020 年南方电网的山火跳闸统计数据，按时间顺序统计了所有因山火跳闸线路的空气相对湿度数据，其中前一半都是在 2019 年 11 月到 2020 年 5 月发生的，且相对湿度基本都在 30%～60%，集中趋势较为明显，在湿度为 50%～60% 的分布比例最大。当气温降低时，需要更低的相对湿度才会引发山火跳闸的发生。2020 年南方电网山火跳闸相对空气湿度统计散点图（时间顺序）如图 3-3 所示。

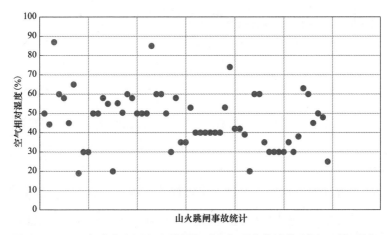

图 3-3   2020 年南方电网山火跳闸相对空气湿度统计散点图（时间顺序）

空气相对湿度直接影响森林可燃物的含水率变化，特别是影响死地被物的含水率。空气湿度小，饱和差大，森林内可燃物质容易干燥，燃烧性增大。如空气相对湿度大于75%时，不易发生森林火灾；空气相对湿度为60%时，林火蔓延较慢；在25%～40%时，可能出现地面火；在25%以下时，易发生树冠火，且火势凶猛。但在长期无雨的干旱季节，即使空气相对湿度达到80%～90%，也可能发生森林火灾。

为了分析一年内所有跳闸中空气相对湿度因素的分布情况，按照升序绘制了如图3-4所示的散点统计图，有三次跳闸发生时湿度数据明显偏高，空气湿度达到了87%。倘若数据准确的话，这个湿度下引发线路山火跳闸的因素主要为烟雾的影响。森林火灾在空气湿度较大时植被燃烧会不充分，产生浓烟和更多大尺度的杂质，进而使间隙绝缘水平进一步下降。广东省、广西壮族自治区、云南省、贵州省、海南省和港澳地区的平均湿度大约在50%～60%，而统计数据的平均湿度为46.44%，说明空气湿度越低时，森林火灾发生概率越高，山火发生时跳闸概率越高。

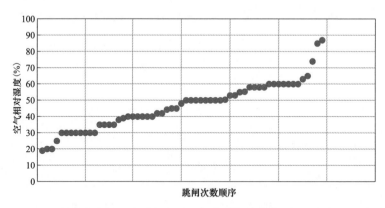

图3-4　2020年南方电网山火跳闸相对空气湿度统计散点图（空气相对湿度升序）

3. 风速的影响

根据2020年南方电网山火跳闸的统计数据绘制了风速等级的统计图，如图3-5所示，风速为0的两例通过分析应是未统计数据，山火发生时由于火线上会产生大量热量，产生热对流，会自发地形成一定的风，故将此两例排除。引起山火跳闸的案例中，风速等级最低达到了三级，主要集中在四到五级，在风速为六级时跳闸次数有所降低，由于大风天气本身天数较少，风速很大时是否对跳闸概率有着负面影响还需要进一步研究。

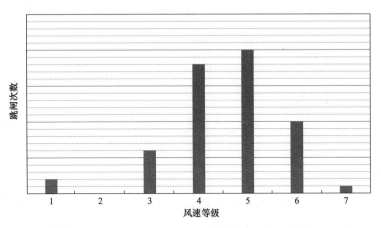

图 3 - 5　2020 年南方电网山火跳闸事故现场风速等级

在不考虑地形地貌和植被密度的情况下，风速对山火蔓延的影响主要有两方面，一是使未燃烧的可燃物蒸发变干和易燃；二是可燃物燃烧后，通过风带来新鲜氧气，使火燃烧更旺。在实际情况中，风会使山火蔓延得更快，风速越大，蔓延越快。当地形存在一定坡度时，结合风的影响，会形成上山火或者构成烟囱效应，使输电线路的间隙绝缘水平大幅度下降。

4. 气象因素综合影响分析

降雨量、光照强度、气温等气象条件对山火灾害有着重大影响。广东省背靠欧亚大陆，面向太平洋。广东省整体地势北高南低，呈自北向南倾斜的状态，因此从北方南下的干冷空气一定程度上被广东省北部的较高地势阻挡。由于广东省所处地理位置和地形分布特征等因素，使海洋、陆地、大气之间作用强烈，同时受到低纬度的热带天气系统和中高纬度天气系统的影响，导致了广东省天气复杂多变。广东省雨水丰沛，多年平均年降水量为 1790.1mm，雨日约 149d。但是一年中约 80% 的雨量集中在汛期，即每年 4～9 月，平均降雨量可达到 240mm。10 月进入旱期后，至次年 3 月，每月平均降雨量 61.7mm 左右，仅为汛期月平均降雨量的四分之一。因此广东省每年山火频发时间段集中在 2～4 月，在汛期时，甚至连续若干月不会出现山火灾害。

广西壮族自治区地处低纬度，北回归线横贯中部，南临热带海洋，北接南岭山地，西延云贵高原，属亚热带季风气候区和热带季风气候。气候温暖，雨水丰沛，光照充足。夏季日照时间长、气温高、降水多，冬季日照时间短、天气干暖。受西南暖湿气流和北方变性冷气团的交替影响，常年温度较高，各地年平均气温17.5～23.5℃。受冬夏季风交替影响，广西壮族自治区降水量季节分配不均，干湿季分明。4～9月为雨季，总降水量占全年降水量的70%～85%，强降水天气过程较频繁，容易发生洪涝灾害；10月～次年3月是干季，总降水量仅占全年降水量的15%～30%，干旱少雨，易引发森林火灾。广西壮族自治区日照时数的季节变化特点是夏季最多，冬季最少；除百色市北部山区春季多于秋季外，其余地区秋季多于春季。夏季各地日照时数为355～698h，占全年日照时数的31%～32%；冬季各地日照时数只有186～380h，仅占全年日照时数的14%～17%。因此，广西壮族自治区在冬季和春季很容易发生大面积山火灾害，进而引发输电线路跳闸事故。

云南省气候基本属于亚热带高原季风型，立体气候特点显著，类型众多、年温差小、日温差大、干湿季节分明、气温随地势高低垂直变化异常明显。全省平均气温，最热（7月）月均温在19～22℃，最冷（1月）月均温在6～8℃，年温差一般只有10～12℃。同日早晚较凉，中午较热，尤其是冬、春两季，日温差可达12～20℃。全省降水在季节上和地域上的分配极不均匀。干湿季节分明，湿季（雨季）为5～10月，集中了85%的降雨量；干季（旱季）为11月～次年4月，降水量只占全年的15%。对于云南省而言，气温较高且降雨量少的春季（2～4月）午后，极易发生大面积山火灾害。在这两个月发生的山火跳闸事故占云南省全年山火跳闸数量的79.7%。

贵州省的气候温暖湿润，属亚热带湿润季风气候。常年雨量充沛，但降雨量时空分布严重不均。全省各地多年平均年降水量大部分地区在1100～1300mm，最多值接近1600mm，最少值约为850mm。年降水量的地区分布趋势是南部多于北部，东部多于西部。全省有三个多雨区和三个少雨区。三个少雨区分别在威宁彝族回族苗族自治县、赫章县和毕节市一带，大娄山西北部的道真仡佬族苗族自治县、正安县和桐梓县一带，舞阳河流域的施秉县、镇远县一带。各少雨区的年降水量在 850～1100mm。从降水的季节分布看，一年中的大多数雨量集中在夏季，但下半年降水量的年际变率大，常有干旱发生。因此对于少雨季，要做好森林火灾的预防工作。

海南岛地处热带北缘，属热带季风气候。年平均气温 22～27℃，大于或等于 10℃的积温为 8200℃，最冷的一月温度仍达 17～24℃。年光照为 1750～2650h，光照率为 50％～60％，光温充足。海南岛入春早，升温快，日温差大，全年无霜冻。海南省雨量充沛，年降水量在 1000～2600mm，年平均降水量为 1639mm，有明显的多雨季和少雨季。每年的 5～10 月是多雨季，总降水量达 1500mm 左右，占全年总降水量的 70％～90％，雨源主要有锋面雨、热雷雨和台风雨，每年 11 月～次年 4 月为少雨季节，仅占全年降水量的 10％～30％，少雨季节干旱常常发生。山林火灾往往集中在少雨季节。根据海南省近五年山火跳闸事故统计，几乎所有的跳闸事故均发生是在每年 11 月～次年 4 月。

3.1.3　地理条件对跳闸事故的影响

1. 南方电网所辖区域地形地貌

南方电网 2015—2019 年间各分公司山火跳闸数量分布统计如图 3-6 所示。

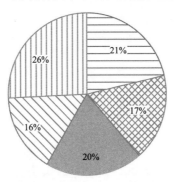

▤ 广东电网　▨ 广西电网　▆ 贵州电网　▨ 海南电网　▥ 云南电网

图 3-6　南方电网各区域山火跳闸数量分布

各省山火跳闸数量较为平均。其中云南电网山火跳闸数量最多，占比 23.3％。云南属山地高原地形，其中 1000～3500m 海拔的区域面积占全省国土面积的 87.21％，从地貌类型看，山地面积占云南省国土面积的 88.64％。此外，马鞍形、斜道形和箱型峡谷易形成良好的烟囱效应，加速火灾蔓延。

通过对各省电网公司的山火跳闸事故做进一步详细统计，发现山火跳闸发生区域相对集中。其中粤北地区地势较高，地形以山地丘陵为主，河谷盆地分布其中，平原、台地面积约占 20％。同时林地较多，植被茂盛，因此容易引发大规模森林火灾。广西电网山火跳闸事故主要集中在桂中大部分地区。其地貌类型以山地丘陵为主，地势北高南低，东西两头高中间低，从西北向东南呈缓缓倾斜的盆状。地形中山地占 38.4％，丘陵占 26.2％，平原占 22.5％，台地占 8.8％，其他占 4.1％。云南电网山火跳闸事故主要集中在滇东北和滇中地区。滇东北和滇中地区属于滇东高原盆地，以山地和山间盆地地形为主，地势起伏和缓。滇中地区多盆地，集中了云南全省近一半的山间平地（坝子）。

2. 坡度的影响

南方电网输电线路山火跳闸山体坡度分布如图 3 - 7 所示，2015—2019 年期间，在有坡度统计的 300 余次山火引发的输电线路跳闸事故中，地形坡度在 30°以下的数量最多，占比约有 72％。南方电网输电线路山火跳闸山体 30°以下坡度分布如图 3 - 8 所示，30°以下的山火跳闸数量在每 10°坡度范围内分布较平均。

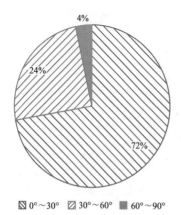

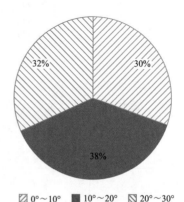

图 3 - 7　南方电网输电线路
山火跳闸山体坡度分布

图 3 - 8　南方电网输电线路
山火跳闸山体 30°以下坡度分布

坡度范围在 10°～20°内山火跳闸数量较少，占比 20.9%；坡度范围在 0°～
10°内山火跳闸数量最多，占比 26.2%。地形坡度在 30°～60°的数量占比 24.4%。
其主要原因在于南方电网所覆盖的五省地区地形地貌以平原和坡度较缓的丘陵
为主。以广东省地形地貌为例，广东省地处华南，境内北部多为山地和高丘陵，
南部则为平原和台地。广东省地貌类型复杂多样，有山地、丘陵、台地和平原，
其面积分别占全省土地总面积的 33.7%、24.9%、14.2% 和 21.7%，河流和湖
泊等只占全省土地总面积的 5.5%。

地形坡度在 60°～90°的数量占比 3.4%，并且这些山火跳闸事故均发生在云
南电网。事故发生地居于青藏高原南端、横断山脉向云贵高原北部云岭山脉过
渡的衔接地段，境内地形地貌多样，坡度变化也较多，较陡的山体坡度可达 70°
以上。

3. 坡向的影响

在有详细坡向记录的山火跳闸事故中，有 87.8% 的发生在山体的向阳坡，
而发生在山体阴坡的山火跳闸事故仅占 12.2%。由此可见，山火灾害以及由其
导致的输电线路跳闸事故绝大多数在山体的向阳坡。

山体阳坡的公转条件比较好，年均日照强度和日均日照强度均高于阴坡，
因此热量也更为充足。根据材料可知，阳坡与阴坡的降水条件、坡度差别不大，
而导致阳坡与阴坡的植物多样性有明显差异，主要影响因素应为蒸发量大小导
致的水分条件的差异，所以判断阳坡温度高，蒸发量较阴坡大，湿度低。同时
山体阳坡地区内的林地温度高，林内可燃物多，且更干燥，因此更易发生山火
事故。阴坡光照可能不足，蒸发量比较小，土壤和植被的水分含量情况都会高
一些，则发生山火的概率更小。

4. 海拔的影响

根据中国多级地势特征进行海拔分区，选用 500、1000、1500、3500m 作为
指标，将地形划分为平原、丘陵、低山、中山。同时参考中国 1∶100 万数字地
貌分类系统的海拔分级方案，将 1000、3500、5000m 作等高面进行海拔划分，
最大限度突出指标的地理意义，得到本节海拔分区方式，见表 3-1。

广东省北部是由南岭为主构成的山地地区，海拔在 1000～1500m。粤北群山连绵，是珠江和长江的分水岭。粤东、粤西均有东北至西南走向的三列山脉。丘陵高程在 100～500m，粤东南分布最为广泛。台地的高程在 100m 以下，地势平缓。主要的有雷州半岛和粤东的陆丰。广西壮族自治区总体是山地丘陵性盆地地貌，分山地、丘陵、台地、平原、石山、水面 6 类。山地以海拔 800m 以上的中高度山峰为主，海拔 400～800m 的低高度山峰次之，山地约占广西土地总面积的 39.7%；海拔 200～400m 的丘陵占 10.3%。

表 3-1　　　　　　　　　　海 拔 划 分 表

地 形 划 分	海拔分区（m）
平原、丘陵	0～500
丘陵	500～1000
低山	1000～1500
中山	1500～3500

云南省地形通过海拔可以分为 3 个梯层：第一梯层为西北部德钦县、香格里拉市一带，海拔在 3000～4000m，许多山峰达到 5000m 以上；第二梯层为中部高原主体，海拔一般在 2300～2600m；第三梯层为西南部、南部和东南部边缘地区，分布着海拔 1200～1400m 的山地、丘陵和海拔小于 1000m 的盆地和河谷。贵州省地势起伏较大，地貌以高原山地为主，平均海拔在 1100m 左右，是一个海拔较高、纬度较低、喀斯特地貌典型发育的山区。贵州地势西高东低，自中部向北、东、南三面倾斜，呈三级阶梯分布。第一级阶梯平均海拔 1500m 以上；第二级阶梯海拔 800～1500m；第三级阶梯平均海拔 800m 以下。海南省的平均海拔为 120m，海南岛的山脉多数在 500～800m，实际上是丘陵性低山地形为主。海拔 500m 以上的山地占全岛面积的 25%，海拔 100m 以上的平原、台地占三分之二。

南方电网输电线路山火跳闸海拔分布统计如图 3-9 所示，在有详细海拔记录的 200 余次山火跳闸事故中，有 56.3% 发生在海拔 500m 以下。

主要原因是南方电网所辖五省地区的地形以低海拔的平原和丘陵为主，且输电线路架设的通道也主要集中在低海拔地区。山火跳闸事故发生次数第二多的海拔段为 1500～3500m。通过对云南、贵州等省的林型分布海拔调查可得，在 1500m 以上的山地内，落叶阔叶林、针阔混交林、针叶林以及草甸依然广泛分布，并且其中以针阔混交林和针叶林为主。这两种植被极容易引发山火，进而导致输电线路跳闸事故。

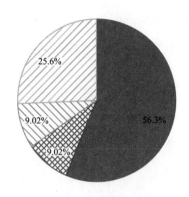

图 3-9　南方电网输电线路山火跳闸海拔分布统计

5. 地理条件综合影响分析

通过以上各小节分析可以得到，山火导致输电线路跳闸事故发生的地点呈现出较强的规律性，并且和地理条件具有一定关联性。南方电网各省电力公司中，发生山火引发的输电线路事故主要集中在特定运维单位和特定输电线路通道上。因此需要对这些山火跳闸事故易发地区做重点排查。

由于南方电网所辖五省地区地形海拔较低，地势较平缓，山火跳闸事故主要集中在坡度较小（小于 30°）且低海拔（500m 以下）地区。同时对于海拔高于 1500m 的高海拔山地，由于落叶阔叶林、针阔混交林、针叶林以及草甸的广泛分布，导致山火灾害易发，从而进一步引发输电线路跳闸事故。因此对高海拔地区的山火仍然要做重点防范。

同时通过调查可以发现，山火跳闸事故绝大多数发生在山体向阳坡。阳坡地区内的林地温度高，林内可燃物多，且更干燥，因此更易发生山火事故。并且山火事故极易蔓延扩大，从而造成输电线路跳闸事故的发生。针对山体阳坡的植被需要重点管理，以防山火发生。

3.1.4 南方电网山火跳闸典型高风险植被

1. 南方电网山火跳闸高风险植被统计

2015—2019 年因山火原因造成输电线路跳闸按植被类型统计，如图 3-10 所示。山火跳闸次数最多的植被类型为林地，占比 84.6%；其次为灌木以及丛木树，占比 10.6%；草地导致的山火跳闸事故占比 2.2%；农田导致的山火跳闸事故占比 1.8%。其余山火跳闸事故分别由行道树和甘蔗燃烧引起。

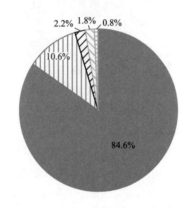

图 3-10 南方电网输电线路山火跳闸植被类型分布

单一的植被类型如农田或草地燃烧起来其难以形成连续性蔓延山火，因此单一植被类型发生输电线路山火跳闸次数较少。多种植被类型混合的林地最容易引发山火跳闸，其中以松树、桉树、杉树为代表。松树、桉树、杉树并称为我国南方三大用材树种，为我国主要的人工林树种之一，同时由于气候环境和水土条件适宜，因而在两广（即广东省、广西壮族自治区）和云贵（即云南省、贵州省）地区均有广泛分布，其特点为枝叶含油量高且燃点低，一旦燃烧起来容易引发大面积树冠火。同时也有少数因甘蔗、荔枝等果树引发的山火跳闸事故。因此在重点研究松树、桉树、杉树等典型树木的同时，也要考虑果树等其他植被导致的山火跳闸现象。

由图 3-11 分析可得，广东省输电线路因山火引起的跳闸事故中，林地导致的山火跳闸占比 76.2%；灌木导致的山火跳闸事故占比 14.3%；草地和农田导致的山火跳闸分别占比 4.8%。在广东省，山火跳闸事故发生的主要植被类型仍为林地，其次为灌木，农田跳闸事故发生概率最少。

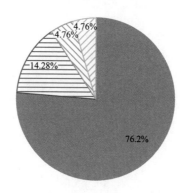

图 3-11　广东省输电线路山火跳闸植被类型分布

　　2015—2019 年广西壮族自治区共有 40 余次输电线路山火跳闸事故。由图 3-12 可知，林地引起的山火跳闸次数最多，占比 86.7%；灌木和杂草引起的山火跳闸次数分别占比 4.4%；农田和甘蔗引起的山火跳闸次数分别占比 2.2%。

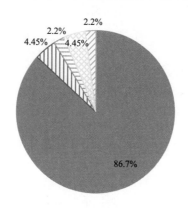

图 3-12　广西壮族自治区输电线路山火跳闸植被类型分布

　　在林地引起的山火跳闸事故中，主要的植被种类为松树和桉树，除此之外还有个别因杉树或荔枝树等植被引起的山火跳闸。由图 3-13 可知，云南电网中因林地导致的山火跳闸共占比 87.3%；灌木导致的山火跳闸共占比 10.1%；耕地和行道树导致的山火跳闸事故分别占比 1.3%。在林地引起的山火跳闸事故中，主要的植被种类为松树和桉树，其他则由桉树和杉树共同引起。

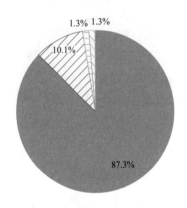

■ 林地　☑ 灌木　▤ 耕地　◪ 行道树

图 3-13　云南省输电线路山火跳闸植被类型分布

　　输电线路因山火导致的跳闸事故涉及的可燃物种类主要为杂树、杂草、松树、杉树以及桉树。单一植被如灌木和乔木，因其难以形成高火焰、浓烟尘的树冠火，导致线路跳闸次数则较少。而杂草（含茅草、芭茅、蕨类等）在冬季和春季都为干枯状态，极易引燃，进一步形成地表火，并通过通道内的灌木、乔木等阶梯性可燃物形成树冠火导致输电线路跳闸。因此，杂草和树木等多种类型混合的植被分别更容易产生大面积山火，从而引发输电线路跳闸事故。

　　就木本植物而言，易导致山火灾害主要有以下几个特点：树木树龄多为 3～21 年（3 年以上居多）；胸径 0.02～0.45m（0.1m 以上居多）；树高 2.0～23.0m（5.0-10.0m 居多）。形成的山火类型主要为地表火、树冠火和冲冠火或地表火后转为树冠火。输电线路下的松树、杉树和桉树等高大植被易发生树冠火。

　　2. 南方电网山火跳闸高风险植被典型特征

　　综上所述，南方电网山火跳闸高风险植被类型为水杉、速生桉、云南松、灌木和茅草，其化学成分组成中各部分的含量见表 3-2。

　　不同成分的含量会影响火焰内部导电粒子的多少，进而影响山火条件下的间隙击穿特性。森林可燃物含水率，通常以绝对含水率表示，即可燃物鲜重和干重之差与干重的比值乘以百分之百，含水率是影响可燃物燃烧性的重要指标。因为在森林燃烧过程中，预热阶段包括可燃物温度升高致使可燃物内部的水分蒸发，而此时可燃物本身的含水率直接影响可燃物达到燃点的速度，以及燃烧之后热量的释放，从而影响林火的发生、蔓延和强度。其机理在于火源所提供的热量会在预热阶段转换成水蒸气的动能，而被释放到外界（一般是空气中）。同时由于水蒸气的释放会使得可燃物周围的空气中氧气浓度下降，而带走或者消耗热量和降低氧气浓度都是不利于燃烧的情况。因此可燃物含水率对可燃物的燃烧有极大的影响。

表 3 - 2　　　　　　　　　不同植被的化学组成

植被	纤维素	半纤维素	木质素	灰分
水杉	44.62%	27.19%	23.62%	2.36%
云南松	58.15%		29.3%	1.50%
速生桉	53.11%	19.78%	21.76%	2.49%
灌木	15.10%~36.39%	32.81%~33.68%	21.4%~31.69%	0.46%~2.37%
茅草	15.96%	33.13%	22.01%	2.96%

植被含水率对间隙击穿特性的影响主要体现在以下方面：

（1）植被含水率越高，燃烧越不充分，燃烧会产生大量烟雾，最大火焰高度降低，火焰体内电导率和颗粒物含量发生改变。

（2）间隙烟雾区长度占比增加，由于烟雾浓度的上升，烟雾区的间隙平均击穿电压梯度下降；火焰高度降低，火焰区击穿电压。

不同植被不同部分的含水率存在较大差异，因此也需对植被的大致成分及其占比进行研究。首先对水杉、速生桉、云南松、灌木和茅草的含水率进行了调研统计，结果见表 3 - 3。

表 3 - 3　　　　　　　　不同树龄的速生桉含水率

样品	叶含水率（%）	枝含水率（%）	干含水率（%）
一年生 5 号桉	83.88	58.21	48.84
三年生 5 号桉	51.55	56.14	33.19

样品	叶含水率（%）	枝含水率（%）	干含水率（%）
三年生 5 号桉（二次生长）	59.20	25.42	47.83
四年生 5 号桉	47.30	53.28	31.36
四年生 5 号桉（二次生长）	42.59	46.68	34.13
一年生 6 号桉	61.36	51.60	56.85

（1）水杉的枝条含水率为 98.1%，树叶含水率为 176.8%，水杉枝干夏冬两季含水率差距约为 20%，取 90% 含水率为水杉的正常生长湿度。

（2）速生桉的含水率与树龄和树种有关，树龄越高，含水率越低。

（3）云南松平均单株树干、侧枝、针叶和球果的含水率分别为 59.4%、59.5%、54.6%、29.8%，同时含水率随着树高增高而增大。

（4）灌木的种类众多，不同种类的含水率根据地区有较大的不同，其含水率与所处地区的年平均降雨量和日照等气象因素均有联系，平均的含水率在 31.29%～84.44%。

（5）茅草晴天平均含水率为 27.3%，但最高也达到过 65.2%。阴天平均含水率为 21.3%。茅草的含水率会受很多因素的影响从而导致差别很大，比如降水和雾、露水浸泡时间长短、气温、日照等。

五种高风险植被的典型状态如图 3-14～图 3-18 所示。

图 3-14　云南松

图 3-15　水杉

图 3-16　速生桉

图 3-17　灌木

图 3-18 茅草

3.1.5 本节结论

根据 2015—2019 年南方电网架空输电线路山火事故和山火跳闸数据，分析了输电线路山火及其导致输电线路跳闸的时空分布规律，发现输电线路山火跳闸具有明显的时间和区段集中性。并且从气象条件、地理条件、线路因素和火灾情况方面进行分析总结。最后统计分析了引发架空线路山火跳闸的植被类型，得到南方五省地区中易引发山火跳闸事故的高风险植被类型，所得结论如下：

(1) 南方电网的山火跳闸时空分布具有较强的季节性特点。初春的 2~4 月是跳闸事故的频发时期，主要原因在于初春天气干燥，植物干枯易被点燃，植被含水率低易导致山火蔓延，用火行为多易引发山火（主要为冬春季烧荒、春节庆典及祭祖、清明祭祖等行为）。山火跳闸集中发生在每日中午时段，其中 14：00~16：00 时段内最多，占比 34.3%。由此可知因山火导致的输电线路跳闸现象易发生在日照最充足且气温最高的时候。相较于中午和下午而言，晚上和凌晨山火跳闸事故发生的概率很小。

(2) 云南省海拔较高，空气击穿电压较低，且多山地，马鞍形、斜道形和箱型峡谷易形成良好的烟囱效应，加速火灾蔓延。云南电网山火跳闸数量最多，为 88 次，占比 23.3%。气温较高且降雨量少的季节午后是山火高发期。以山地丘陵为主和高海拔条件容易导致山火跳闸，而地理位置靠近赤道的区域易因高温发生火灾。树冠火对于输电线路绝缘的威胁最大。

（3）综合调研结果，得到影响山火条件下架空输电线路跳闸的影响因素包括海拔、间隙距离、植被密度、电压等级、植被种类、植被湿度和地形坡度。典型的高风险植被为速生桉、云南松、水杉、茅草、灌木。

3.2　植被火条件下线路长间隙绝缘失效机理研究

3.2.1　试验方法

1. 试验内容及方法

短间隙模拟试验包括间隙距离在 1～5m 内的相地和相间放电试验，对海拔、植被垛密度、间隙距离、电压等级、植被种类、烟雾、地形坡度和植被湿度单独定量研究，真型间隙试验为间隙距离为 9m 的验证性相地试验。

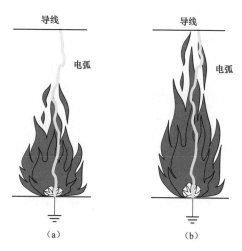

图 3-19　火焰桥接情况示意图

（a）火焰半桥接；（b）火焰全桥接

分别进行火焰全桥接和火焰半桥接时的击穿特性试验，如图 3-19 所示，通过半桥接和全桥接的击穿特性试验分析整个间隙的击穿特性。

试验时分别对每个因素定量研究，具体试验内容如下：

（1）海拔因素对间隙放电特性的影响试验。采用工频试验变压器加载电压，使用四分裂导线且导线对地距离设置为 1.2m 和 1.7m 两个高度，植被垛采用杉木垛，布置方式为每层 8 根共 8 层（武汉试验基地与昆明试验基地的布置方式一致）。

（2）植被垛密度对间隙放电特性的影响试验。在昆明试验基地采用工频试验变压器加载电压，使用四分裂导线且导线对地距离保持为 4m 不变，植被垛采用杉木垛，改变植被垛的布置密度和体积进行试验，每次试验获取其在最大火势时的至少三次击穿电压数值。在武汉试验基地使用双分裂导线，进行不同密度下的松木火焰间隙下的击穿试验，试验的植被垛密度选用稀疏布置和密集布置两种，植被垛尺寸均为 1m×1m×0.25m。试验选 1.2、1.7、2.7m 三个试验间隙。

（3）不同间隙距离下杉木垛火焰间隙放电试验。采用工频试验变压器加载电压，采用四分裂导线，植被垛采用杉木垛，分别改变导线对地距离为 3、4、5、9m 进行试验。

（4）直流情况下的间隙放电试验。采用直流高压发生器加载电压，导线对地距离保持为 4m 不变，植被垛采用杉木垛，改变导线分裂数进行试验。

（5）电压等级对间隙放电特性的影响试验。在昆明试验基地采用工频试验变压器加载电压，导线对地距离保持 4m 不变，植被垛采用杉木垛，改变导线的分裂数进行试验，每次试验获取其在最大火势时的至少三次击穿电压数值。在武汉试验基地采用单根导线、双分裂导线和四分裂导线分别在 60cm 空气间隙下和 1.2～2.7m 松木火焰间隙下进行间隙击穿试验。

（6）植被种类对间隙放电特性的影响试验。在昆明试验基地采用工频试验变压器加载电压，使用四分裂导线，茅草和灌木采用与之体积相一致的布置方式，草本植物由于燃烧较快，试验过程中可适当降低间隙距离，改变植被种类进行试验。在武汉试验基地使用双分裂导线，进行松木和杉木火焰间隙下的击穿试验，试验选 1.2、1.7、2.7m 三个试验间隙。

（7）模拟真型相间试验。采用交流试验变压器加载电压，使用四分裂导线且导线对地距离 4m 保持不变，植被垛采用杉木垛，植被垛尺寸为 1m×2m×0.6m。相间距离选择 1、1.5、2m 三个间隙距离。

（8）烟雾区击穿试验。采用工频试验变压器加载电压，使用四分裂导线且导线对接地铁网距离为 2m 且保持不变，植被垛采用杉木垛，在未产生明显火焰且仅有烟雾作用时进行间隙击穿试验。

（9）植被湿度对间隙击穿特性的影响试验。采用工频试验变压器加载电压，使用四分裂导线且导线对地距离 3m 保持不变，植被垛采用杉木垛，选用的植被垛湿度分别为 15%杉木生长湿度、50%杉木生长湿度和 100%杉木生长湿度。

（10）地形坡度对间隙击穿特性的影响试验。采用工频试验变压器加载电压，使用四分裂导线且导线对板上端距离为 1.7m 保持不变，植被垛采用小型杉木垛，分别将图 3-29 所示的中心板电极调整为 0°、30°和 45°坡度进行试验。

（11）植被垛温度测量试验。在武汉试验基地使用热电偶树对不同植被垛火焰不同高度的温度进行测量，分析其火焰温度分布规律，研究其与击穿特性之间的联系。

2. 试验平台布置

（1）模拟真型相地试验平台。模拟真型相地试验布置示意图如图 3-20 所示，模拟导线通过绝缘子吊装在板电极正上方，试验中使用航吊可以精准调节

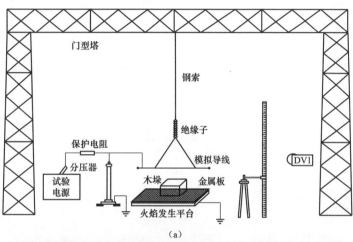

（a）

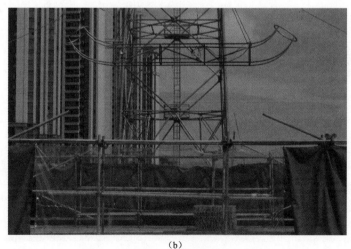

（b）

图 3-20　模拟真型相地试验布置

（a）相地试验布置示意图；（b）相地试验布置现场图

模拟导线对中心极板的距离,采用塔尺进行高度的测量;模拟导线的一端通过高压引线与试验变压器和分压器相连;植被垛放置在中心板电极的正中央,板电极通过铜编织带与接地极连接,试验过程中将数字摄像机架设在安全距离外。

（2）模拟真型相间间隙试验平台。模拟真型相间平台示意图如图3-21所示,

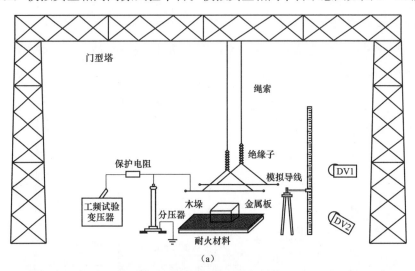

（a）

（b）

图3-21　模拟真型相间平台

（a）相间试验布置示意图；（b）相间试验布置现场图

两根模拟导线通过绝缘子吊装在板电极正上方，试验中使用航吊精准调节模拟导线对中心极板的距离，采用绝缘绳和航吊控制两个模拟导线之间的距离，采用塔尺测量高度；一根模拟导线的一端通过高压引线与试验变压器和分压器相连，另一根通过铜线与接地极相连，板电极不接地，并使用绝缘材料适当垫高；植被垛放置在中心板电极的正中央；试验过程中将数字摄像机架设在安全距离外。

（3）防风墙布置方案。昆明试验基地场地风较大，为了减小风的影响，使植被垛均匀燃烧，设置了如图 3‐22 所示的防风墙。

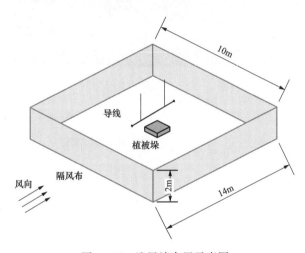

图 3‐22　防风墙布置示意图

防风墙采用铁管与金属扣件构建起防风支架，外围表面覆盖防风布，墙体外围尺寸为 14m×10m×2m，支架厚 1m。试验场地布置实物图如图 3‐23 所示。

（4）短间隙试验平台。短间隙试验平台为模拟植被火试验平台，位于环境气候试验室内部（直径 22m，高 32m），高压引线通过穿墙套管与试验电源相连，室内为无风环境。短间隙试验平台布置示意图如图 3‐24 所示。

（5）温度测量平台。植被垛温度测量的方式选用将热电偶端部伸入火焰体不同高度的中心部位，通过温度显示仪表获取各部位的温度。武汉试验基地和昆明试验基地使用的热电偶树的布置示意图如图 3‐25 所示。

图 3-23 防风墙布置实物图

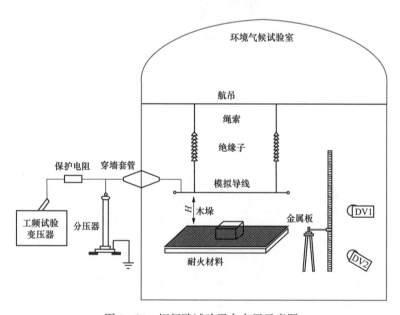

图 3-24 短间隙试验平台布置示意图

武汉试验基地的测温平台热电偶高度分布由下到上分别为离地距离 0.55、0.8、1.3、1.8、2.3、2.8、3.3m，考虑了植被堆与板电极高度为 30cm，昆明试验基地的测温平台热电偶高度分布为 12 根热电偶在离地高度 0.6~6.6m 均匀布置，相邻热电偶之间间距 0.5m，板电极离地高度 10cm。热电偶型号为 WRNK‐191K 型铠装热电偶，测温范围：—20～1100℃，测温精度：±3℃（温度小于 400℃）、±0.75％（温度高于 400℃）。

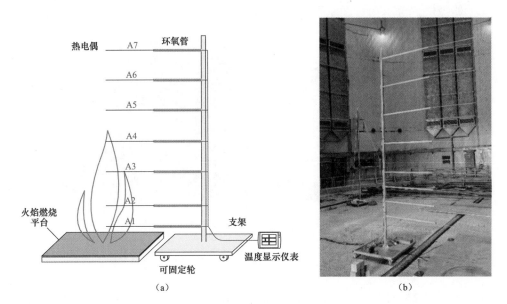

图 3‐25　测温平台示意图

（a）热电偶树示意图；（b）测温平台实物图

3. 试验设备及植被

（1）武汉试验基地电源。配置的 YDTCW‐6000kVA/3×500kV 试验变压器如图 3‐26 所示。额定电压为一次侧电压 10kV，二次侧电压 500/1000/1500kV；额定电流：原边电流 600A，副边电流 10/6/1A。调压器：TYDZ‐4800kVA/10.5kV。

（2）昆明试验基地电源。昆明试验基地交直流试验电源如图 3‐27（a）所示，昆明试验基地配置了 YDTCW‐4500kVA/3×750kV 试验变压器。额定电压为一次侧电压 10kV，二次侧电压

图 3‐26　YDTCW‐6000kVA/
3×500kV 试验变压器

750/1500/2250kV；额定电流：原边电流 450A，副边电流 2/2/2A。保护电阻
为 40kΩ 的绕线电阻，电压测量误差不大于 3％。如图 3－27（b）所示，直流
试验中的正极性高压由最大输出电压±1600kV、额定电流 50mA 的直流电压
发生器提供，电压测量误差不大于 3％。

（a）　　　　　　　　　　　　　　　（b）

图 3－27　昆明试验基地交直流试验电源

（a）3×750kV 三级工频试验变压器；（b）±1600kV 直流电压发生器

（3）导线及板电极。试验采用钢管代替钢芯铝绞线制作模拟导线，模拟导
线两端部分上翘且焊接有均压环，具体参数见表 3－4。

表 3－4　　　　　　　　　　　　　模 拟 导 线 参 数

序号	钢管外直径（mm）	导线分裂数	分裂间距（cm）	导线长度（m）
1	22	双分裂	40	5
2	28	四分裂	45	5
3	33	六分裂	45	5
4	33	八分裂	40	5

模拟导线实物图如图 3－28 和图 3－29 所示。

（4）植被垛。根据前期调研结果，试验植被选用水杉木、云南松、速生桉
和南方电网当地的灌木和茅草作为典型高风险植被，为了使试验中的火源尽量
可控并具有可重复性，将木本植被树干处理成 0.02m×0.03m×1m 的标准木
条，并摆放成植被垛的形式。试验所使用的植被垛尺寸共有 6 种，分别是 1m×
1m×0.25m、1m×1m×0.6m、1m×1m×0.45m、1m×1m×0.75m、1m×2m×

0.6m 和 1m×2m×2m。其中大量进行试验的植被垛尺寸主要为 1m×1m×0.25m 和 1m×1m×0.6m 两种，两种植被垛分别用于 3m 以下和 3m 及以上间隙的试验。

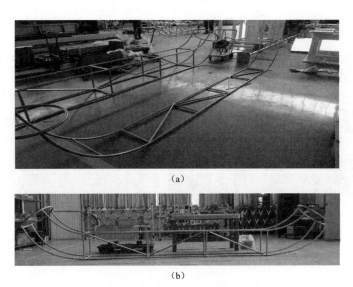

(a)

(b)

图 3 - 28　模拟导线实物图（示例 1）

（a）双分裂导线；（b）四分裂导线

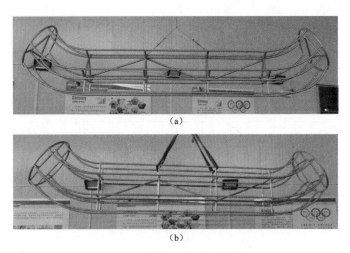

(a)

(b)

图 3 - 29　模拟导线实物图（示例 2）

（a）六分裂导线；（b）八分裂导线

小型木本植被垛布置方式如图 3-30（a）所示，采用每层 8 根，共 8 层的布置方式，尺寸约为 1m×1m×0.25m。大型木本植被垛布置方式如图 3-30（b）所示，采用每层 14 根，共 20 层的布置方式，尺寸约为 1m×1m×0.6m。其余尺寸的木本植被垛的摆放密度如图 3-30（b）所示的密度一致。

（a）　　　　　　　　　　　　（b）

图 3-30　木本植被垛堆积示意图

（a）小型植被垛；（b）大型植被垛

当植被垛尺寸较大时，茅草和灌木难以通过自身保持相应的形状，采用不易燃烧的桉木树干搭建了木质框架，如图 3-31 所示。将灌木和茅草用自然密集堆放的方式放置其中，整体尺寸为 1m×1m×0.6m。

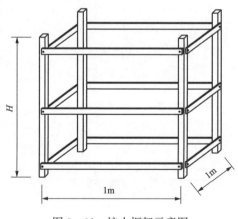

图 3-31　桉木框架示意图

3.2.2　不同植被火焰温度分布

首先在武汉试验基地进行了五种植被垛的温度测量试验，测量结果如图 3‑32 所示，其结果如下：

（1）燃烧情况。桉木树干质地紧密，使用酒精引燃后火势不易发展，初始燃烧阶段持续时间超过 5min，燃烧阶段有少量黑烟，火焰高度最高为 1.7m；松木由于树干含有松油且质地疏松从而易燃，酒精助燃后火势发展很快，火焰最高高度为 2.2m，燃烧时有大量黑烟产生；杉木质地疏松，酒精引燃后有火势发展迅速，燃烧时有少量白烟产生，最大火焰高度 2.3m；灌木燃烧时有少量白烟，最大火焰高度 2m；茅草燃烧阶段有大量白烟，最大火焰高度 2m。松木和茅草的烟雾较大，燃烧情况如图 3‑32 所示。

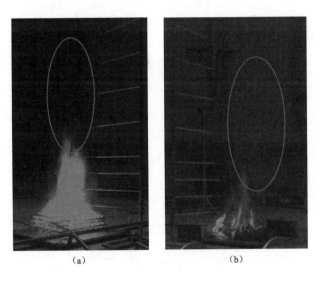

（a）　　　　　　　　　　　　（b）

图 3‑32　松木和茅草燃烧情况

（a）松木火焰；（b）茅草火焰

图 3‑33 中 A1～A7 的温度数据分别对应高度为 0.55、0.8、1.3、1.8、2.3、2.8、3.3m 的热电偶端部温度。

（2）温度变化趋势。五种植被在火势开始迅速发展时的对应高度的温度变化趋势大致相同，主要可以分为快速上升阶段、最大火势阶段、稳步下降阶段三个阶段。统计了每种植被各个阶段的持续时间，见表 3-5。

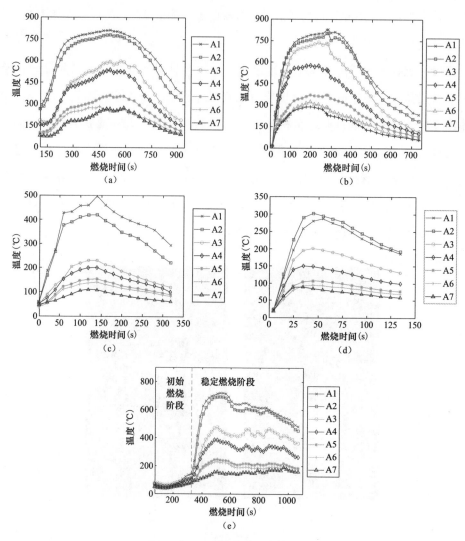

图 3-33 不同植被垛火焰温度分布

（a）杉木温度分布；（b）松木温度分布；（c）灌木温度分布；（d）茅草温度分布；

（e）桉木温度分布

结果表明：木本植物中松木火焰具有最快的火势发展速度，杉木火焰具有最长的最大火势阶段。最大火势阶段火焰高度最高且基本不变，试验需要在最大火势阶段进行。

表3-5 每种植被温度变化各个阶段持续时间

植被	快速上升阶段（s）	最大火势阶段（s）	稳步下降阶段（s）
松木	100	220	280
杉木	130	350	300
桉木	160	120	450
灌木	60	100	160
茅草	30	40	60

（3）温度分布特性。统计了五种植被在最大火势时的距离植被垛顶部不同高度的温度，结果如图3-34所示。松木、杉木、桉木、灌木和茅草的最大温度分别为829、812、721、498、304℃。五种植被垛火焰温度随高度的变化趋势近似于线性变化。

不同海拔地区杉木垛火焰在最大火势时的形态如图3-35所示，在高地

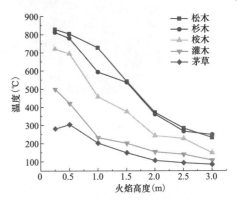

图3-34 不同植被火焰温度随高度分布

海拔地区进行试验时的火焰体均会产生纵向的脉动，中上部的火焰体直径逐渐减小并在上部将火焰体分裂，低海拔地区和高海拔脉动频率分别为2次/s和1.5次/s。低海拔地区火焰脉动现象十分明显，上部分裂的火焰体颜色明亮，直径更大；高海拔地区火焰脉动强度较小，上部分裂的火焰体较小且颜色较为暗淡。最大火势时低海拔地区的火焰体整体颜色呈现为亮黄色，火焰体上方有很淡的白色烟雾且周围有火星；高海拔地区火焰体根部为橙黄色，上部火焰较为暗淡，伴随有大量黑烟产生。

植被热释放速率与火焰高度存在良好的正相关关系，低海拔地区最大火势时的平均火焰高度为2.2m；高海拔地区则为1.8m，比低海拔地区下降了19%，说明海拔的升高会使植被垛的热释放速率减小，从而使火焰高度降低。不同海拔地区不同高度下的最高温度分布如图3-36（a）所示，在不同海拔地区进行试验获得火焰温度与高度之间有良好的线性关系，两者的拟合曲线近似于

（a）

（b）

图 3－35　相同布置下不同海拔地区的火焰形态

（a）高海拔地区；（b）低海拔地区

平行，同一位置高海拔地区的火焰温度低于低海拔地区，火焰温度平均下降了225.25℃。在火焰形态相对稳定的 0.5m 区域高海拔地区相较于低海拔地区火焰温度下降了 143℃，下降比例为 18.3％，火焰温度与燃烧阶段单位时间内的累计发热量有关，在散热量一致的情况下，产生的热量越多则温度越高。0.5m 处的热电偶端子处于火焰正中心部位，所测得的温度可以排除高低海拔地区散热量不一致的影响，其温度分布曲线如图 3－36（b）所示，横坐标的起点时间 100s 为引燃阶段结束且植被垛开始自发产生明显火焰的时刻，不同海拔地区的引燃阶段持续时间基本一致。引燃后 100s 后的温度迅速上升期间，两个地区的上升趋势基本一致，相同时刻两者之间的差值相近，平均为 76.1℃。在引燃后 300s 后，低海拔地区的火焰温度仍保持上升趋势，并在 400s 时到达最大值 780℃。说明在温度快速上升阶段，海拔对火焰温度在相同高度处的影响程度是基本一定的；而在最大火势阶段，海拔对火焰温度的影响程度会变大。火焰温度降低与植被垛热释放速率下降直接相关，海拔升高引起的空气密度降低和空气含氧量减小。

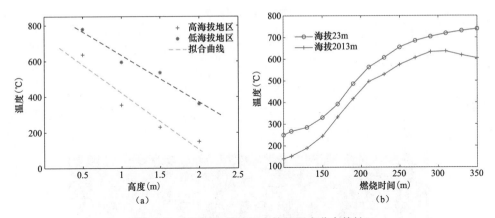

图 3-36 不同海拔地区火焰的温度分布特性

(a) 火焰不同高度处最高温度的分布；(b) 0.5m 处的火焰温度随时间变化曲线

3.2.3 海拔对间隙放电特性的影响

1. 纯空气间隙击穿特性

首先进行纯空气间隙的击穿试验，使用交流试验电源分别在短间隙下进行击穿试验，试验参数和结果见表 3-6。

表 3-6 纯空气间隙击穿试验参数

地区	海拔 (m)	温度 (℃)	湿度 (%)	间隙距离 (m)
武汉试验基地	23.3	17.0	57.0	0.6
昆明试验基地	2100	25.7	55.3	1

昆明试验基地的平均击穿电压梯度相较于武汉试验基地下降了 25.3%。根据式（3-1）所示的海拔修正公式，计算可得下降程度为 27.2%，两者之间的误差仅为 1.9%，说明式（3-1）对纯空气间隙下的工频击穿电压梯度有较好的拟合效果。

$$K_a = e^{\frac{H}{8150}} \qquad (3-1)$$

式中 H——两地的海拔差。

2. 火焰间隙击穿特性

根据前期的试验研究，木本植物间隙击穿特性见表 3-7，木本植物中杉木火焰间隙具有最低的平均击穿电压梯度，将其作为最高风险植被进行间隙击穿试验。

表 3-7   木本植物间隙击穿特性

植被种类	间隙距离（m）	平均击穿电压（kV）	平均击穿电压梯度（kV/m）
杉木	0.45	31.5	70
松木	0.45	34.2	76
桉木	0.45	37.5	83

部分典型放电过程如图 3-37 所示。

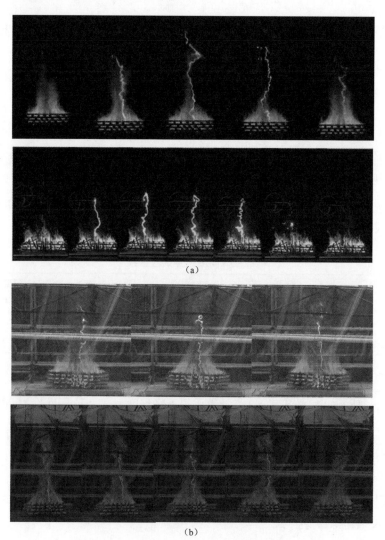

（a）

（b）

图 3-37 不同海拔地区典型电弧发展过程

（a）武汉试验基地典型电弧发展过程；（b）昆明试验基地典型放电电弧发展过程

在不同海拔地区使用四分裂导线对 1.2m 和 1.7m 间隙距离下的火焰全桥接时的击穿特性进行了试验。在 1.2m 和 1.7m 间隙距离下，高海拔地区与低海拔地区的平均击穿电压梯度分别相差 0.8% 和 11.8%，1.2m 间隙下两地之间平均击穿电压梯度的基本相同，说明在火焰主体部位（靠近火焰体根部，较为粗壮且亮度高的部位），火焰因素对不同海拔地区下的间隙绝缘水平下降程度的影响是一定的；1.7m 间隙距离下两地平均击穿电压梯度之间的差异 11.8% 比纯空气间隙的海拔修正率 27.2% 下降了 15.4%，说明在火焰主体外的火焰不连续且聚集性较差区域，需要考虑海拔对间隙击穿特性造成的影响，且该影响不能使用传统的海拔修正公式和海拔修正方法进行修正。

海拔因素对间隙击穿特性的影响主要在非火焰区和植被燃烧情况这两部分。高海拔地区空气密度低，氧气含量低。中国科学技术大学研究了高原和平原地区木垛火燃烧速率、热辐射通量、火焰和烟气温度、火焰形状的差异，结果表明高原地区木垛火的燃烧速率、热辐射通量和火焰及烟气温度都要比平原地区低，燃烧速率近似与空气压力成正比。理论上高海拔地区应该拥有更高的平均击穿电压，然而试验结果表明高低海拔地区连续火焰段的间隙平均击穿电压梯度基本相同，说明原本的海拔修正公式并不适用于山火条件。

3.2.4　植被垛密度对间隙放电特性的影响

模拟真型间隙击穿特性试验平台进行了四分裂导线下 4m 杉木火焰间隙的击穿试验。统计了不同植被垛密度下的最大火焰高度变化趋势，结果如图 3－38 所示。

15 层杉木植被垛最大火势阶段的火焰高度在 3.7m 左右，火焰无法完全包络导线，20 层和 25 层的最大火焰高度分别为 4.6m 和 5.0m，可以在无风的条件时完全包络导线。

由图 3－38（b）可知，最大火势阶段的平均火焰高度随着植被垛层数的增加出现了饱和现象，三者之间两两的高度差分别为 0.9m 和 0.4m，说明最大火焰高度不仅和热释放速率有关，而且和植被垛的摆放方式有关，实际情况的火焰高度预测方法需要同时考虑燃烧的植被垛密度和面积大小。

部分典型放电过程如图 3－39 所示。

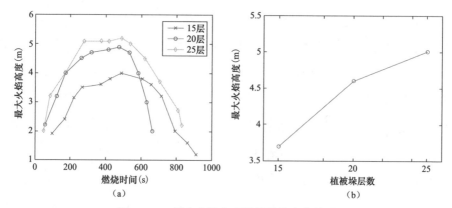

图 3-38 最大火焰高度随层数的变化关系

（a）火焰高度随时间的变换关系；（b）最大火势时的平均火焰高度

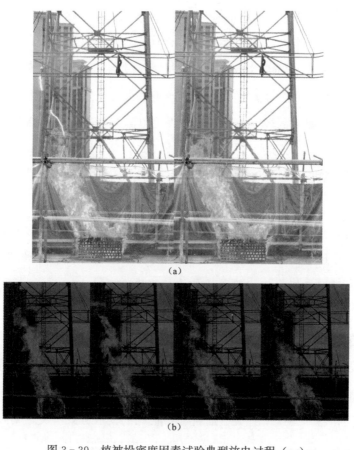

图 3-39 植被垛密度因素试验典型放电过程（一）

（a）15 层杉木典型放电过程；（b）20 层杉木典型放电过程

(c)

图 3－39　植被垛密度因素试验典型放电过程（二）

(c) 25 层杉木典型放电过程

在火焰能够完全桥接时，20 层和 25 层杉木火焰间隙平均击穿电压梯度相差 3.1％，在火焰未完全桥接时，间隙平均击穿电压梯度相差 5.4％，击穿电压基本饱和，且火焰高度均能达到完全桥接的情况。15 层杉木火焰间隙的间隙击穿电压随火焰高度变化变化较大，火焰段的平均击穿电压梯度为 62.0kV/m，与 20 层及 25 层杉木火焰间隙火焰段的平均击穿电压梯度基本一致；非火焰段的平均击穿电压梯度为 173.7kV/m，20 层与 25 层杉木火焰间隙非火焰段的平均击穿电压梯度为 88.8kV/m 和 82.5kV/m。

3.2.5　间隙距离因素对间隙放电特性的影响

本小节展示了各个间隙距离下火焰形态较为聚集时的间隙击穿电压图像，其中 3m 以下间隙的数据为武汉试验基地试验结果，3m 以上数据为昆明试验基地试验结果，如图 3－40 和图 3－41 所示。

试验结果表明：当火焰完全桥接间隙时，击穿多发生在火焰刚刚接触导线的时刻，且 1.2、1.7、3、4m 间隙距离下平均击穿电压梯度分别为 60.8、71.1、59.7、60.4kV/m。1.2m 和 1.7m 间隙距离下的平均击穿电压梯度相差 16.9％，3m 和 4m 间隙距离下的平均击穿电压梯度相差 1.2％，说明在长间隙距离下随着间隙距离的增加，火焰全桥接时的平均击穿电压梯度变化程度很小，如图3-42所示。

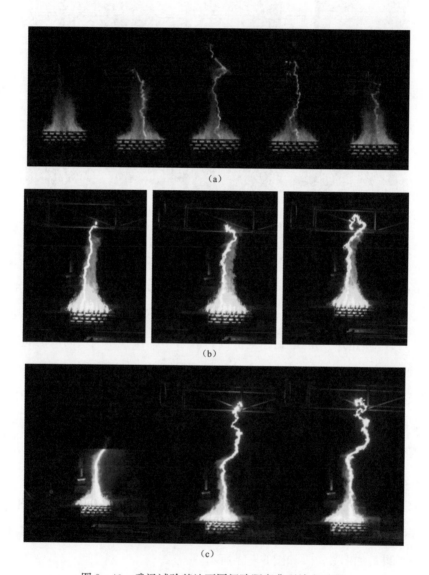

图3-40　武汉试验基地不同间隙距离典型放电过程

（a）1.2m间隙典型放电过程；（b）1.7m间隙典型放电过程；

（c）2.7m间隙典型放电过程

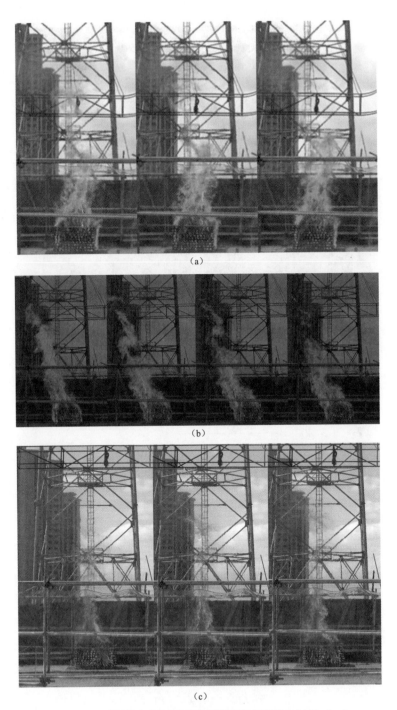

图 3-41 昆明试验基地不同间隙距离典型放电过程（一）

（a）3m 间隙典型放电过程；（b）4m 间隙典型放电过程；（c）5m 间隙典型放电过程

（d）

图 3-41　昆明试验基地不同间隙距离典型放电过程（二）

（d）9m 间隙典型放电过程

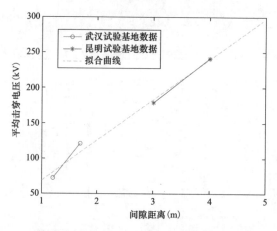

图 3-42　火焰全桥接时平均击穿电压梯度和间隙距离的关系

火焰全桥接时平均击穿电压梯度和间隙距离有较好的线性拟合关系，可以表示为以下关系：

$$U = 57.1x + 123 \tag{3-2}$$

式中　U——平均击穿电压，kV；

x——间隙距离，m。

火焰区的平均击穿电压梯度是确定的，均在 60.6kV/m 左右，根据此换算出非火焰区的平均击穿电压梯度的结果如图 3-43 所示，在两个地区进行的试验中，平均击穿电压梯度和非火焰区长度具有线性关系。

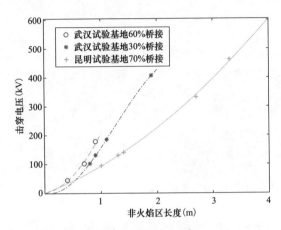

图 3-43　火焰未全桥接时非火焰区击穿电压和非火烟区长度的关系

武汉试验基地非火焰区平均击穿电压梯度的大小在非火焰区长度较小时拟合效果较好，武汉试验基地纯空气间隙击穿电压梯度为 358kV/m，在火焰 60% 桥接时计算得出当非火焰区的长度为 1.9m 时，非火焰区的平均击穿电压梯度将衰减到与空气间隙一致，由于非火焰区存在烟雾颗粒并且拥有较高的温度，间隙击穿电压梯度最终只能趋近于纯空气间隙，说明在非火焰区间隙距离较小时，平均击穿电压梯度近似呈线性变化。

3.2.6　电压等级因素对间隙放电特性的影响

在武汉试验基地进行了不同分裂导线下纯空气间隙的工频击穿试验，试验时罐体内部的气温为 17℃，相对湿度为 57%。

试验过程中的典型放电瞬间如图 3-44 所示。结果表明：使用不同分裂导线时纯空气间隙的击穿电压基本一致，分散性很小。双分裂导线和单根导线在接近板电极最近的导线部分是圆形钢管时，所获得的击穿电压数据差距很小，平均击穿电压梯度分别为 358kV/m 和 355.8kV/m。使用四分裂导线进行试验时

图 3-44 不同分裂导线纯空气间隙典型放电过程（一）

（a）单分裂导线间隙放电过程；（b）双分裂导线间隙放电过程

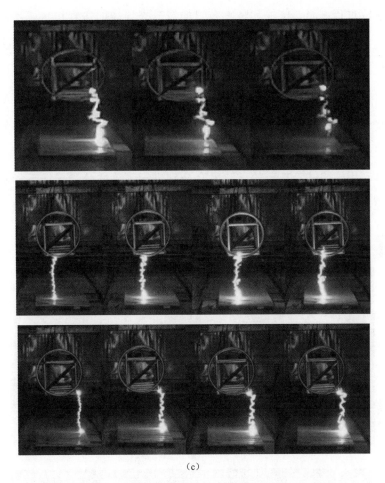

(c)

图 3-44　不同分裂导线纯空气间隙典型放电过程（二）

(c) 四分裂导线间隙放电过程

所获得的击穿电压数据有一定的分散性，主要集中在两种击穿电压梯度之间，分别为 359.2kV/m 和 342kV/m。试验击穿电压在两种击穿电压梯度旁的概率基本一致，在 12 次试验中均占 50%。结合双分裂和单根导线的击穿电压数据可知武汉试验基地空气间隙的击穿电压梯度应在 355kV/m 左右，使用四分裂导线时靠近板电极的导线截面为矩形，与单根和竖直布置的双分裂导线有一定差异，导致在间隙距离较短时，使用四分裂导线时的电场分布更为不均匀，使击穿电压存在一定的波动。

在击穿过程方面，单根和竖直布置的双分裂导线的击穿位置基本一致，均是在导线的同一位置，板电极的相近位置发生击穿，而四分裂导线的击穿位置较为随机。试验过程中在靠近板电极的两根水平导线以及连接两根模拟导线的部位均可能发生击穿，击穿发生在两侧的概率要大于发生在中间连接部位的概率，且存在两侧导线同时发生击穿的现象，但击穿部位和击穿电压的分散性并没有明显的关联性。

同样利用昆明试验基地的试验平台分别进行了不同分裂导线下杉木火焰间隙的工频击穿试验，以得到高海拔、长间隙条件下导线分裂数对间隙击穿特性的影响。试验过程中的典型放电过程如图 3-45 所示。

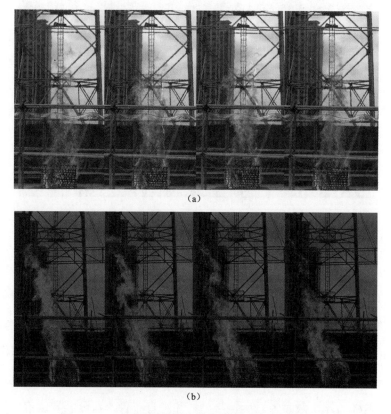

（a）

（b）

图 3-45 不同分裂导线火焰间隙典型放电过程（一）

（a）双分裂导线间隙放电过程；（b）四分裂导线间隙放电过程

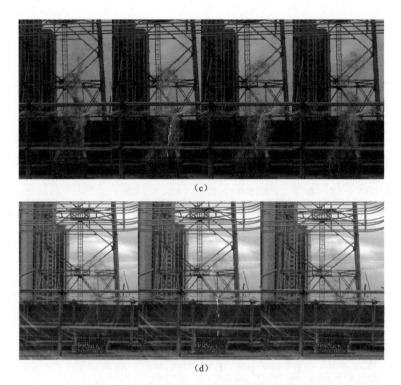

(c)

(d)

图 3－45　不同分裂导线火焰间隙典型放电过程（二）

（c）六分裂导线间隙放电过程；（d）八分裂导线间隙放电过程

选取了在各分裂导线间隙下火焰高度在 3m 左右时的平均击穿电压进行比较，结果如图 3－46 所示。

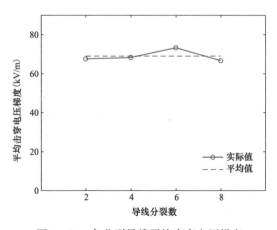

图 3－46　各分裂导线平均击穿电压梯度

结果表明：当火焰在 3m 左右的高度时，各分裂导线平均击穿电压梯度的平均值为 69.0kV/m，双分裂、四分裂、六分裂和八分裂导线对比平均值各自的偏差分别为 2.0%、1.0%、6.2% 和 3.3%，说明分裂导线因素对于火焰条件下的间隙击穿特性影响并不明显。

在山火条件下，植被特别是枝叶在燃烧过程中会产生大量的浮动固体颗粒，颗粒在靠近或与导体接触后，如图 3-47 所示，会造成电极附近的电场发生畸变，电极形状本身所造成的电场畸变被电极表面或附近的固体颗粒所造成的电场畸变所取代。因此，在多飞灰火焰条件下，电极形式对击穿电压没有影响，在模型中可不考虑分裂导线对间隙击穿特性的影响。

图 3-47　导线表面被黑灰覆盖

3.2.7　植被种类对间隙击穿特性的影响

通过调研得到南方电网山火跳闸的五种高风险植被分别为云南松、水杉、速生桉、茅草和灌木，植被的主要化学组成成分包括纤维素、半纤维素、木质素、灰分及有机溶剂提取物。根据其含量占比的不同，不同植被对间隙击穿特性的影响具有一定的差异，体现在以下两方面：

（1）相同尺寸的植被垛燃烧产生的火焰高度不同，从而对间隙的分区方式有一定的影响，其火焰形态和燃烧时间长短也存在一定的差异。

（2）不同植被燃烧产生的火焰的温度和电导率不同，烟雾部分的成分和浓度也不同，从而会使火焰体部分和烟雾部分的间隙击穿特性存在差异。

针对以上两个差异，试验所需要达到的目的如下：

（1）对相同尺寸的每种植被分别开展燃烧特性的试验，获得其火焰高度、火焰温度等火行为参数与植被种类和各种成分含量之间的耦合关系。

（2）对每种植被火焰间隙的火焰区和烟雾区的击穿特性分别进行研究并进行比较，获得每种植被火焰区和烟雾区击穿特性的叠加方式和不同植被火焰区和烟雾区击穿特性与植被种类之间的关系。

在植被的主要成分中，纤维素是植物细胞壁中最主要的成分，也是木质纤维素进行生物转化过程中主要的转化加工对象，纤维素分子组成含碳44.44%、氢6.17%和氧49.39%。半纤维素是木质纤维素中含量第二的碳水化合物。不同种类的木质纤维素中的半纤维素含量有很大差异。木质素广泛存在于植物中，是排名第二的大分子有机物质，含量仅次于纤维素。木质素作为填充物以化学或者物理的方式填充在细胞壁的微纤丝之间，黏结纤维素纤维，使木材的机械强度增加，不易被微生物侵蚀，也不容易被腐朽。木质素和纤维素主要影响植被火焰的火焰高度和火焰温度。灰分是指植物纤维高温灼烧后的无机剩余物。灰分由能溶于水和不能溶于水的无机盐组成。其中，钾、钠的碳酸盐占10%～25%，钙镁的碳酸盐、硅酸盐和磷酸盐占75%～90%，农作物的灰分普遍高于竹材和木材，一般多在2%以上，有的甚至高达14%以上，灰分的含量主要影响植被火焰主体的电导率的大小。

在尺寸为1m×1m×0.25m的植被垛尺寸下，五种植被的最大火势和阶段的持续时间和火焰高度如图3-48所示。

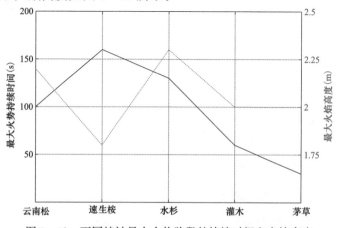

图3-48 不同植被最大火势阶段的持续时间和火焰高度

在相同植被垛体积下，云南松和水杉具有相近的火焰高度；桉木的火焰高度最低，仅为1.7m，但拥有最长时间的最大火势阶段；茅草和灌木燃烧迅速，最大火焰高度均为2m。在进行分区时需要对不同植被单独考虑。

在武汉试验基地分别对相同布置下的云南松和水杉植被垛进行了间隙击穿试验，试验结果如图3-49所示。

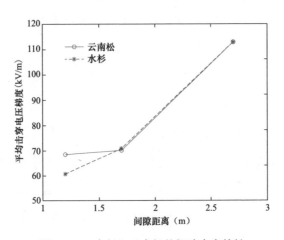

图3-49　水杉和云南松的间隙击穿特性

上述结果表明：不同类型的植被基于其成分的不同燃烧特性具有较大差异。在相同的布置方式下且间隙距离低于1.2m时，杉木火焰间隙的平均击穿电压梯度低于松木间隙，两者之间相差12.8%。在1.7m和2.7m间隙下，两者之间的平均击穿电压梯度相差分别为1.3%和0.02%，在误差范围内可以认为在使用同一种分裂导线且间隙较大时，云南松和水杉在干燥的情况下产生的火焰使间隙绝缘水平下降的程度是一定的。不同植被火焰下的间隙击穿特性如图3-50所示，其中，茅草试验间隙为3m，其余植被试验间隙均为4m。

上述结果表明：

（1）火焰全桥接时，杉木、灌木和茅草的平均击穿电压梯度分别为59.7、51、45kV/m。间隙绝缘水平降低到纯空气的22.2%、18.9%和16.7%，茅草、灌木相较于大型的木本植物具有更低的间隙击穿电压。

（2）不同植被火焰在相同间隙桥接占比下的平均击穿电压梯度从大到小为

松木、杉木、桉木、灌木、茅草。在相同的间隙桥接占比下且桥接比例大于
70%时，以杉木为基准，则松木、桉木、灌木、茅草的平均击穿电压梯度的修
正系数分别为 1.13、0.96、0.93、0.88。

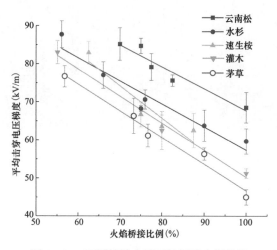

图 3-50　不同植被火焰下的间隙击穿特性

　　不同植被火焰间隙击穿的瞬间如图 3-51 所示，木本植物火焰更为粗壮且火
焰高度更高，木本植物之间的火焰形态和高度差异较小，茅草火焰比灌木火焰
燃烧更为剧烈，最大火焰高度与灌木基本一致。

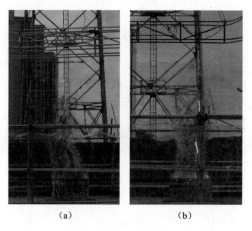

图 3-51　不同植被火焰下的典型击穿过程（一）

（a）水杉；（b）云南松

图 3-51 不同植被火焰下的典型击穿过程（二）

（c）桉树；（d）灌木；（e）茅草

3.2.8 纯烟雾对间隙击穿特性的影响

在植被垛未出现明显火焰且有风将烟雾吹歪时，电弧路径仍是径向发展，没有从烟雾通道中击穿；当烟雾柱竖直时，电弧路径从烟雾柱中击穿，形成亮黄色的电弧通道。当植被垛部分被烘干且具有微小火焰时，电弧击穿路径的选择大概率在火焰上方的热空气通道。说明温度的影响要大于烟雾颗粒的影响，在烟雾区需要主要考虑温度的因素。其击穿路径如图 3-52 所示。

图 3-52 电弧击穿路径

本书统计了 2m 间隙距离下的烟雾区击穿特性，统计的数据均是在烟雾柱中击穿的数据。纯空气间隙平均击穿电压梯度为 268.5kV/m，10 层和 17 层湿木材所产生的烟雾对间隙击穿电压的降低程度分别为 23% 和 30.8%。在最开始产生浓烟且没有明显火焰的时刻，击穿电压的降低程度分别为 9.8％和 22.2％。在不考虑温度的影响下，纯烟雾对间隙绝缘水平降低的程度可以取为 16％。

3.2.9　坡度对间隙击穿特性的影响

坡度对山火跳闸间隙击穿特性的影响主要有以下几个方面：

（1）山坡方向。对于海拔较高的山坡，由于山坡的朝向不同，植被的厚密、光照条件以及干燥条件不同，因而燃烧特性有很大的不同。山坡的朝向与植被燃烧特性之间的关系如图 3-53 所示。

图 3-53　山坡的朝向与植被燃烧特性之间的关系

（2）斜坡。斜坡对山火发展影响体现在坡度的大小有关，一般坡度增加 10％，山火传播速度增加一倍。因为随着坡度的增加，火焰更容易加热前方的燃料，促进燃料的燃烧，增强火焰燃烧的速度和强度。

（3）地的形状。地形对山火发展的影响存在地形增强坡度效应，如图 3-54 所示。输电线路山火一般发生在山坡侧，特别是那些"V"形山谷，能形成上升气流，向火焰反应区卷入大量空气，为燃烧反应提供充足的氧气，并抬

图 3-54　地形增强坡度效应

升火焰高度,"V"形山谷是输电线路因山火易发生跳闸的位置。

为了定量研究坡度对植被垛燃烧情况的影响,使用图 3-55 所示的支架调节坡度,获得坡度对植被燃烧特性的影响规律,并进一步分析获得间隙的影响规律。

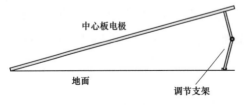

图 3-55 中心板电极坡度调节示意图

当间隙距离为 45cm 时,不同坡度下,茅草火焰间隙的击穿电压如图 3-56 所示。可知,随着坡度的增加,间隙的击穿电压逐渐增大。当板电极水平放置时(坡度为 0°),全火焰下间隙的击穿电压为 32.05kV,而当坡度为 19°时,击穿电压达到 42.35kV,增加幅度达到 32%。通过现场录像发现,随着坡度的增加,植被燃烧速率明显加快,燃烧时间大幅度减小,火焰高度也有所增加,而击穿电压的增加主要与击穿位置的变化有关。

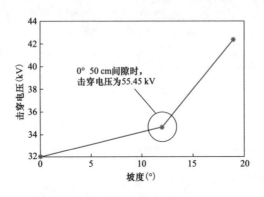

图 3-56 坡度对间隙击穿电压的影响

试验过程中,始终保持模拟导线与板电极最高处的距离为 45cm,但击穿路径并非出现在最短间隙处,使得坡度增加时,间隙击穿时刻的放电路径要大于 45cm,导致击穿电压逐渐增大。3 种坡度下击穿路径的长度分别约 45、50、54cm,如图 3-57 所示。随着坡度的增加,茅草燃烧程度加剧,火焰体由板电极水平放置时的扩散型变得更为集中。

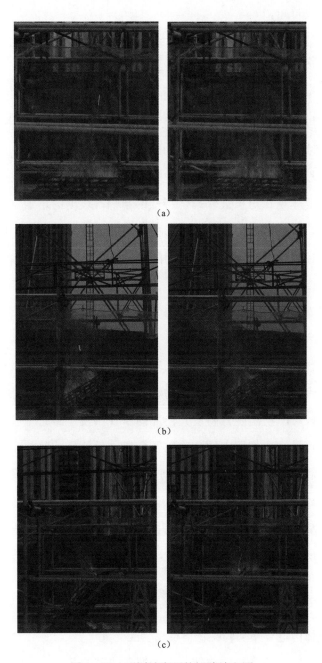

图 3 - 57　不同坡度下的间隙放电图

（a）0°坡度；（b）30°坡度；（c）45°坡度

由上述结果可知：

（1）随着坡度的上升，植被燃烧速率加快，火焰长度加长，30°坡度相较于水平布置，火焰长度平均增长了20％，45°坡度平均增长了15％。随着坡度的增加火焰长度的增加趋势有先增加后降低的趋势。

（2）随着坡度的上升，距离导线底相同距离的火焰的间隙击穿电压上升，在间距0.3m时45°和30°坡度的击穿电压分别上升了37％和54.9％。

（3）随着坡度的上升，火焰形态垂直于坡面的概率加大，坡度对间隙击穿特性的影响主要体现在对植被埚燃烧特性的影响，坡度的增加，火焰更容易加热前方的植被，促进植被的燃烧，增加植被的燃烧速率和强度，使火焰长度大幅度增大。上述因素的综合作用使得间隙中的带电粒子数明显增加，从而导致间隙的绝缘强度出现明显下降。

3.2.10 湿度对间隙击穿特性的影响

1. 不同植被的含水量

森林可燃物含水率通常以绝对含水率表示，即可燃物鲜重和干重之差与干重的比值乘以百分之百，是影响可燃物燃烧性的重要指标。在森林植被燃烧过程中，预热阶段可燃物温度升高使其内部的水分蒸发。而此时可燃物本身的含水率直接影响可燃物达到燃点的速度以及燃烧之后热量的释放，进而影响林火的发生、蔓延和强度。其机理在于火源产生的热量会在预热阶段转换成水蒸气的动能而被释放到外界（一般是空气中），同时由于水蒸气的释放会使得可燃物周围的空气中氧气浓度下降，而带走或者消耗热量和降低氧气浓度都是不利于燃烧的情况，所以说，可燃物含水率对可燃物的燃烧有极大的影响。主要体现在以下方面：

（1）植被含水率越高，燃烧越不充分，燃烧会产生大量烟雾，最大火焰高度降低，火焰体内电导率和颗粒物含量发生改变。

（2）间隙烟雾区长度占比增加，由于烟雾浓度的上升，烟雾区的间隙平均击穿电压梯度下降；火焰高度降低，火焰区击穿电压。

不同植被不同部分的含水率存在较大差异，因此也需对植被的大致成分及其占比进行研究。首先对水杉、速生桉、云南松、灌木和茅草的含水率进行了调研统计。

（1）水杉的枝条含水率为 98.1％，树叶含水率为 76.8％。

（2）速生桉的含水率与树龄和树种有关，树龄越高，含水率越低。

（3）云南松平均单株树干、侧枝、针叶和球果的含水率分别为 59.4％、59.5％、54.6％、29.8％。同时含水率随着树高增高而增大。

（4）灌木的种类众多，不同种类的含水率根据地区有较大的不同，其含水率与所处地区的年平均降雨量和日照等气象因素均有联系，平均的含水率在31.29％～84.44％。

（5）茅草晴天平均含水率为 27.3％，但最高也达到过 65.2％。阴天平均含水率为 21.3％。茅草的含水率会受很多因素的影响从而导致差别很大，比如降水和露水浸泡时间长短、气温、日照等；茅草不同的生长阶段含水率差别较大，干枯时几乎不含水。

试验研究时按照完全干燥、50％植被正常生长湿度和 100％植被正常生长湿度进行，植被正常生长湿度均选取植被生长过程中的最大值。利用试验平台进行试验，获取植被湿度对不同部位间隙击穿特性的影响。由于干燥的木条仍含有一定量的结合水，木条烘干后自然吸水的均衡含水率在 15％～20％，昆明试验基地所处位置气候干燥、紫外线强，由于木条堆放在室外，故取干燥木条的含水率为 15％（16.7％植被正常生长湿度）。根据干燥时的含水率使用称重法换算出植被垛整体含水率，根据测算两垛杉木的含水率分别为 57％（63％植被正常生长湿度）和 80.7％（89.7％植被正常生长湿度）。

2. 植被湿度对植被垛燃烧特性的影响

燃烧情况方面，15％含水率的植被垛引燃后 10s 后就有明显的火焰产生，57％和 80.7％含水率的植被垛引燃后没有明显的火焰，主要经历了以下几个阶段：植被烘干阶段、烟火阶段、最大火势阶段、熄灭阶段，各个阶段的植被垛燃烧状态如图 3-58 所示，各个阶段的持续时间见表 3-8。

表 3‐8   不同树龄的速生桉含水率

植被垛含水率（%）	烘干阶段（s）	烟火阶段（s）	最大火势阶段（s）	熄灭阶段（s）
15	—	—	540	140
57	557	194	137	30
80.7	845	315	115	55

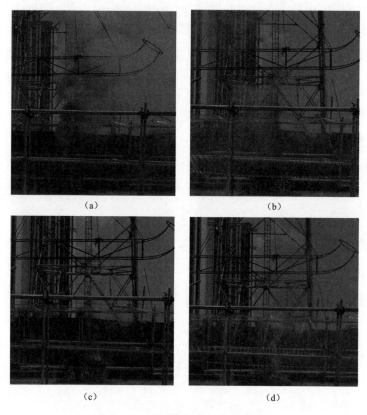

（a）   （b）

（c）   （d）

图 3‐58   不同燃烧阶段的火焰形态

（a）烘干阶段；（b）烟火阶段；（c）最大火势阶段；（d）熄灭阶段

　　不同湿度下最大火势时的火焰形态如图 3‐59 所示。在植被垛基本停止产生烟雾，即大部分植被均被烘干之后火焰最高。15%含水率的植被垛产生的火焰为亮黄色，火焰体粗壮，整体燃烧充分；57%含水率的植被垛为暗黄色且火焰根部靠近植被垛部分有较为明显的黑色部分，此部分为未完全燃烧的炭黑等颗粒，火焰体较为粗壮；植被垛大部分区域处于燃烧阶段。80.7%含水率的植被垛最大火势阶段的火焰十分暗淡，在明亮背景下较难分辨，火焰体呈现细长的状态，没有明显未完全燃烧的黑色部分。

火焰高度方面，15％含水率的植被垛最大火焰高度可达 5m；57％含水率的植被垛最大火焰高度为 3.5m；80.7％含水率的植被垛最大火焰高度为 3m 且上半部分火焰十分暗淡。

图 3 - 59　不同湿度下最大火势时的火焰形态

(a) 15％含水率；(b) 57％含水率；(c) 80.7％含水率

3. 植被湿度对间隙击穿特性的影响

植被湿度对间隙击穿特性的影响试验均在 3m 的间隙距离下进行，随着植被垛湿度的上升，最大火势阶段的间隙击穿电压明显下降，最低间隙平均击穿电压梯度为 46.6kV/m。间隙平均击穿电压与植被垛湿度的关系如图 3 - 60 所示。对其进行线性回归拟合，其线性相关系数为 0.9998，说明其有很好的线性相关性，对应的线性回归方程为

$$U = -0.2w + 62.7 \tag{3-3}$$

式中　w——植被垛湿度百分数；

　　　U——平均击穿电压梯度。

随着植被垛湿度的上升，在间隙击穿时存在持续放电的现象，由于变压器

高压端的保护电流为 20A，湿度上升时，植被垛燃烧不充分，间隙中拥有更多的炭黑等颗粒物，火焰体的电阻更低，在电压较低时电弧点燃间隙中未完全燃烧的颗粒形成橙黄色的电弧通道，此时形成电弧的电流大小并未超过 20A，所以存在持续放电现象。

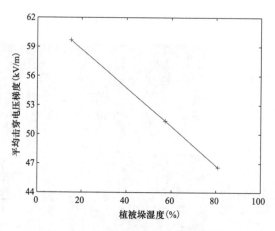

图 3-60　间隙击穿电压与湿度的关系

3.2.11　山火对相间间隙击穿特性的影响

架空输电线路相间距离要明显低于相地距离。由于山火是大面积火，当火焰高度足够高时能够包络导线时，相间会形成连续或者部分连续的火焰通道，并且在交流输电线路中两相之间的电压为线电压，相间有可能会先发生击穿。

当相间距离大于 1.75m 时，相间击穿大部分发生在火焰能部分桥接间隙时，所有试验中相地击穿的比例达到了 52.6% 且均是发生在植被垛刚开始燃烧的几分钟和植被垛将要熄灭时，在燃烧最为剧烈，火势最大时相地击穿的概率超过 90%。说明在相间距小于 50% 相地距离时，主要的跳闸风险为相地跳闸；而相间跳闸至少需要火焰能够桥接部分间隙。

图 3-61 为排除异常数据后的击穿电压分布图，从图中可知，相间距为 1m 时，间隙击穿电压随火焰高度的降低程度并不明显；相间距为 1.5m 时，间隙击穿电压随着火焰高度有着较为明显的线性关系；相间距为 1.5m 时，拟合的线性函数见式（3-4）。

$$U = -105.3h + 564.1 \qquad\qquad (3-4)$$

式中　U——间隙击穿电压的大小；

　　　h——火焰高度。

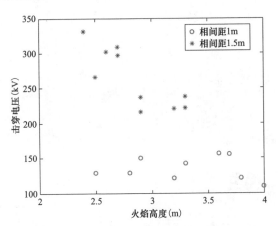

图 3-61　火焰未桥接间隙时的相间击穿电压大小

不同相间距离的典型击穿图像如图 3-62 所示。

在火苗能够完全桥接间隙时，在 1m 相间距和 1.5m 相间距下的平均击穿电压梯度分别为 107.5kV/m 和 90kV/m。在火苗能够部分桥接间隙时，间隙击穿电压会明显降低，降低的程度与桥接部分的火焰的长度和火焰的形态有关，火焰形态越完整，间隙击穿电压的降幅越大。

(a)

图 3-62　不同相间距离的典型击穿图像（一）

(a) 1m 间隙

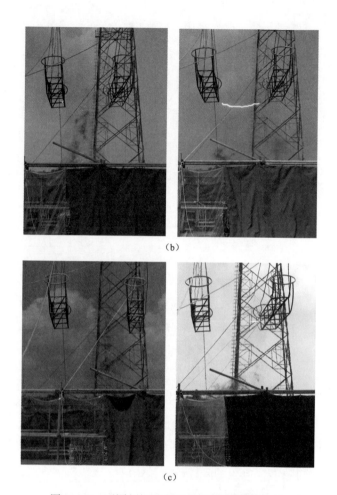

图 3-62　不同相间距离的典型击穿图像（二）

(b) 1.5m 间隙；(c) 2m 间隙

对 1、1.5、2.1m 间隙的火焰长度、空气间隙和击穿电压进行线性回归分析，可得其关系见式（3-5）。

$$U=81.51+91.19x+25.59y \qquad (3-5)$$

式中　U——击穿电压的大小；

　　　x——非火焰区长度；

　　　y——火焰区长度。

式（3-5）的拟合回归系数为 0.8245，说明有较好的拟合效果。该式的各个系数可以解释为相间间隙火焰区、非火焰区的击穿电压梯度，常数项可以解释为与线路下方植被情况有关的系数。

3.2.12　直流条件下的间隙击穿特性

在棒-板纯空气间隙的击穿试验中，棒为正极性时，平均击穿电压梯度为 4.5kV/cm；棒为负极性时，约为 10kV/cm。根据海拔修正公式可得昆明试验基地的正极性直流平均击穿电压梯度为 324.9kV/m。

长间隙试验结果表明 3m 间隙下在火焰高度为 1.95、2.55m 时分别下降为纯空气间隙的 30％和 20.2％；4m 间隙下在火焰高度为 3、3.1、3.2m 时分别下降为纯空气间隙的 25.7％、24.6％和 23.6％。对应工频 4m 间隙下，火焰高度为 3m 时的平均击穿电压为 273kV，说明相同条件下正极性直流的击穿电压要高于工频，由此可得在火焰 75％桥接时的直流修正系数为 1.19。

在工频条件下的间隙击穿试验中，击穿多发生在正半波，这与施加正极性直流电压时的击穿电压较低是一致的。相同情况下交流击穿电压值低于正直流击穿电压值。

在直流和工频条件下，温度和火焰电导率对间隙放电影响相似，主要的区别在于火焰中的带电粒子。正、负极性情况下的带电粒子的运动分析见前文。在交流电压下，在负半周期，导线附近电场延缓了电子与负离子的上升运动，在正半周期时，由于前半周期在空间积累的带电粒子使导线前的电场得到增强，更利于其击穿。

3.2.13　本节结论

（1）最大火势阶段的平均火焰高度和间隙击穿电压随着植被垛层数的增加出现饱和现象。火焰全桥接时的间隙击穿电压随间隙距离的上升呈现线性关系，火焰桥接比例越高，间隙击穿电压水平越低；火焰全桥接时的平均击穿电压梯度在 60kV/m 左右。

（2）海拔因素对间隙击穿特性的影响主要在非火焰区和植被燃烧情况这两部分。其中火焰主体部位不需要考虑海拔修正，火焰非主体部位和烟雾区需要考虑海拔修正。植被类型对间隙击穿特性的影响主要体现在火焰主体部位，相同尺寸的植被垛木本植物具有最高的火焰高度，草本植物具有最低的平均击穿电压梯度。植被绝对湿度与火焰全桥接时的间隙击穿电压的大小呈现线性关系，植被湿度越高，间隙击穿电压越低。

（3）在纯空气间隙和山火间隙下，导线分裂数的改变对间隙击穿特性的影响很小，在预测模型中可不考虑。在不考虑温度的影响下，纯烟雾对间隙绝缘水平降低的程度可以取为16%。相间间隙的击穿电压与火焰桥接的比例以及火焰的高度有关，当有部分火焰桥接间隙时会显著降低击穿电压，火焰基本桥接时的平均击穿电压梯度在100kV/m。相同情况下直流的平均击穿电压梯度要高于交流，在火焰75%桥接时的直流修正系数为1.19。

3.3 架空输电线路山火跳闸风险评估模型

3.3.1 总体思路

为准确评估架空输电线路因山火导致的跳闸风险，需确定山火发生时的植被参数、线路参数、火焰行为参数和气象参数，基于火焰形态划分火焰连续区、火焰非连续区和烟雾区，建立火焰间隙的多段击穿电压计算模型，从而得到考虑海拔、植被类型和植被含水量等因素的山火条件下架空输电线路跳闸风险评估模型。

该模型通过输入给定的参数，利用前期对南方电网高风险植被调研和山火跳闸时空分布规律，以及交直流输电线路山火跳闸机理研究试验所得结论，能够实时计算不同线路参数、植被参数、火焰参数和气象参数下的火焰间隙击穿电压，并和输电线路相地、相间电压相比得到山火条件下架空输电线路的跳闸风险。架空输电线路山火跳闸风险评估模型的主要计算流程如图3-63所示。

模型共分为五个主要计算模块，具体如下。

（1）植被高度计算模块：主要功能为从程序界面获取火灾现场的植被种类，并根据输入的植被类型和测量参数得到火灾现场的植被高度。

（2）火焰行为参数计算模块：主要功能为从程序界面获取线路参数、植被参数、火行为参数和气象参数数据，根据上述参数计算得到火焰高度、火线强度和火焰蔓延速度。

（3）间隙击穿电压计算模块：主要功能为从程序界面中得到线路参数、植被参数、火行为参数和气象参数，并根据相地、相间等导线—板间隙击穿模型判断火焰桥接程度，得到架空输电线路相地、相间、地线和树冠击穿电压。

（4）架空输电线路跳闸风险评估模块：主要功能为从间隙击穿电压计算模块导入架空输电线路各间隙击穿电压，并根据跳闸风险评估模型判断架空输电线路各间隙的跳闸风险。

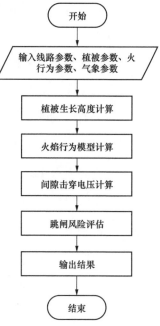

图 3 - 63　架空输电线路山火跳闸风险评估模型计算流程

（5）批量数据处理模块：主要功能为从 Excel 文件导入山火跳闸风险评估模型所需参数，并自动读取多个情况下的参数进行统一计算，计算完毕后将击穿电压、跳闸风险和其他结果参数输出至新的 Excel 表中，便于大量数据情况下的山火跳闸风险评估计算。

3.3.2　模型主要考虑参数

1. 植被参数

我国南方属于典型的亚热带季风气候，森林树木高大，通过对南方电网境内输电线路下方山火引发跳闸事故的统计发现，调研得到南方电网山火跳闸的典型高风险植被有速生桉、云南松、水杉、灌木、茅草。其中，以云南松为代表的针叶树的部分树种枝叶、躯干含脂类化合物，具有较高的可燃性，易引发林冠火，其凋落物难分解，残积期长，林下可燃物积累丰厚，易燃、火力强。而以杉树和桉树为代表的阔叶树种的枝叶、躯干不含脂类化合物，不易引发林冠火。林内相对湿度较高，其凋落物分解快，残积期短，林下可燃物积累少，易燃性差，火力弱，难以引发林冠火。灌木的枯枝落叶易分解、残积期短、残积物难积累、易燃性差、火力弱，不易引发林冠火。茅草类植物枯死物易分解，残积期短，难残积，易燃性中等，火力弱，不易引发林冠火。由此可知山火的火线强度和火焰高度与植被类型、林分结构密切相关，且植被的燃烧特征与自身的组成成分有很大的关联性，组成成分的不同使得植被燃烧时具有较大差异，因此，必须对不同植被类型下的山火进行分析。

由现有森林火灾中火行为与植被类型、密度等因素的研究现状可知，本书所建立的架空输电线路山火跳闸风险评估模型中植被因素选择以下因素重点进行研究：植被类型、植被高度和植被郁闭度。

2. 线路参数

从 2015—2020 年南方电网跳闸数据统计中可知，110kV 及以上输电线路跳闸事故占比达 97.4%，35kV 等级跳闸事故占比仅为 2.6%，因此需重点考虑 110kV 及以上电压等级的输电线路跳闸风险。其中单相接地故障占比最高、其次则为相间击穿故障，为此主要考虑导线相地击穿风险和相间击穿风险，同时兼顾导线对树冠和地线的放电风险。而输电线路的跳闸风险主要与输电线路电压等级和间隙击穿电压有关，其中间隙击穿电压则与导线的相地电压幅值和相间电压幅值有关。同时线路所在位置的坡度则会对火焰形态和高度产生一定影响。而线路所在海拔的不同，火焰非连续区和烟雾区的击穿电压也不同。并且交流输电线路和直流输电线路的火焰间隙击穿机理存在区别，因此结合前期调研结果和试验结果，本模型中对线路因素重点考虑以下因素：线路电压等级、海拔、坡度、档距、导线对地距离、相间距离、对树冠距离、对地线距离和设计弧垂。

3. 火行为参数

山火中的火行为表示从着火、发展、传播直至减弱和熄灭等一系列连锁过程的总体。表现为火头的蔓延速度、火场范围（周长或面积）的扩大、火强度增大及其他一些极端林火行为现象，如飞火、蔓延方向、突变为高强度（三维空间的）火。火行为和可燃性、起火点的数量同样受火环境影响。在架空输电线路山火跳闸风险评估模型中，假定此时山火已蔓延至架空输电线路下方，基于此时的火焰形态和参数对间隙击穿电压和跳闸风险进行计算与评估。

北京林业大学研究结果显示山火的火焰平均高度范围为 3～5m，树木烧焦高度在 5m 以上，可能存在火焰与导线桥接的情况。山火中的温度经测量可达到 1000℃以上，在这种温度下，空气受热膨胀导致空气密度下降，导线弧垂也会因高温而增加，而山火发生日期的不同，也会导致植被含水量和植物的生长高度变化。结合山火的火行为和其对导线弧垂及间隙击穿强度的影响，本模型中对火焰因素重点考虑以下几个方面：火焰高度、火焰蔓延速度、火灾发生时间、火灾形式和火灾蔓延方式。

4. 气象参数

引发山火的三大要素为：火源、气象条件和可燃物。因此气象条件和山火的火行为密切相关，同时如气温、风速等气象条件对于导线的弧垂和空气间隙击穿电压也具有一定的影响。综合考虑气候因素对架空输电线路山火跳闸概率的影响，本模型选择重点考虑气温、风速和空气相对湿度三个因素。

3.3.3　山火跳闸风险评估模型

从架空输电线路山火跳闸风险评估模型计算流程可知，要得到架空输电线路山火跳闸的风险，需要分别根据植被参数、线路参数、火行为参数和气象参数计算得到山火条件下架空输电线路各间隙的击穿电压，再与线路相地、相间的电压最高值进行对比得到跳闸风险。因此可将架空输电线路山火跳闸风险评估模型分为五个子模型：植被生长高度计算模型、火焰行为参数计算模型、山火条件下导线弧垂计算模型、山火条件下间隙击穿电压计算模型和山火跳闸风险评估模型。

1. 植被生长高度计算

根据高风险植被调研结果，对云南松、水杉、桉树、灌木和茅草五种高风险植被的生长高度进行计算预测。

现有造林树种应用面积较广且可靠性高的方程主要可分为 10 种，包括：①幂函数 $Y = A \times T^B$；②逻辑斯蒂（Logistic）方程：$Y = A/(1 + B \times e^{-CT})$；③坎派兹（Gompertz）方程：$Y=A\times e^{-B\times e^{-CT}}$；④苏玛克方程：$Y=A\times e^{-B/(T+C)}$；⑤威布尔（Weibull）方程：$Y=A\times[1-e^{-(T-\frac{B}{C}D)}]$；⑥二次曲线方程：$Y=A+B\times T+C\times T^2$；⑦舒马切尔（Schumacher）方程：$Y=A\times e^{B/T}$；⑧对数函数 $Y=A+B\times \ln T$；⑨双曲线方程：$Y=A-B/(T+C)$；⑩单分子（Mitscherlich）方程：$Y=A\times(1-e^{-B\times T})$。以上方程表达式中，$Y$ 代表生长量，T 代表树龄，A、B、C、D 分别为拟合参数，通过相关系数 R^2 最大且残差平方和（sum of squares for error，SSE）最小的原则确定最优拟合模型，通过相关文献调研，可分别得到上述三种树种的生长模型如下：

（1）云南松生长模型。胸径-树高拟合公式选择逻辑斯蒂（Logistic）模型，具体模型及拟合后的参数如下：

$$H_Y=\frac{23.918}{1+9.556e^{(-0.131D_1)}} \tag{3-6}$$

式中　H_Y——树高，m；

　　　D_1——树的胸径，cm。

计算时根据测量得到的胸径计算出云南松的树高 H_Y，得到当前树木高度 H。

（2）水杉木生长模型。胸径-树高计算模型同样采用 Richards 生长方程，拟合后的方程如下：

$$H_S=1.3+19.393(1-e^{-0.074D_2})^{1.979} \tag{3-7}$$

式中　H_S——树高，m；

　　　D_2——树的胸径，cm。

计算时根据测量得到的胸径计算出水杉木的树高 H_S，得到当前树木高度 H。

（3）桉树生长模型。胸径-树龄生长模型采用二次曲线方程，拟合结果如下：

$$D_3=1.47+0.99Y_3+0.002Y_3^2 \tag{3-8}$$

式中　D_3——胸径，cm；

Y_3——树龄，年。计算时根据测量得到的胸径计算出桉树的树龄 Y_3。

树龄与树高计算选择苏玛克方程，拟合后的模型计算式如下：

$$H_A = 42.69e^{\frac{-7.66}{Y_3+1.12}}\qquad(3-9)$$

式中　H_A——树高，m；

　　　Y_3——树龄，年。

计算时根据胸径反推得到桉树的树龄 Y_3，计算得到当前树木高度 H。

（4）灌木高度模型。由于灌木种类较多，尚无统一生长高度模型，因此模型中设定灌木高度分为高大（3m）、中等（2m）和低矮（1m）三个等级。

（5）茅草高度模型。茅草一般指白茅，其生长高度随季节变化，根据常见白茅生长状态的调研结果，按照生长期和枯萎期将茅草的生长高度统一划分为长草（2m）和短草（1m）两个等级。

2. 火焰行为参数计算

森林火行为表示火灾发生一定时间后，火的强度、火蔓延速度、火焰长度和深度等。山火行为特征主要有：热（温度），热传导、辐射和对流，潜在火灾释放能量，火强度，高温热流，光（火焰），火焰高度，火蔓延速度等。其中，火强度、火焰高度和火蔓延速度是描述山火行为的三大指标。森林可燃物燃烧时整个火场热量释放速度称为林火强度（简称火强度）。火强度包括火线强度和发热强度，前者应用较为广泛，是林火行为的重要参数之一。

（1）火线强度计算。火线强度 I_F 的计算公式如下：

$$I_F = 0.007HWR\qquad(3-10)$$

式中　H——可燃物热值，cal/g；

　　　W——可燃物负载量，t/hm²；

　　　R——火蔓延速度，m/min。

森林内一切可以燃烧的物质均为可燃物，林地内的乔木（干、枝、叶、皮）、灌木、草本、苔藓、地表凋落物、土壤中的腐殖质和泥炭等均可视为森林可燃物。单位面积上可燃物的绝干重量即为可燃物载量。可燃物载量动态估测模型方法是指将林地内的林分因子与实地的可燃物载量建立数学关系，从而可通过森林调查资料得到该地区的可燃物载量。模型类型主要包括：线性回归可燃物载量估测模型和应用人工神经网络（back propagation，BP）建立可燃物载量估测模型。目前，我国关于可燃物载量动态估测模型的研究大都在样点尺度上研究可燃物载量与林分因子之间的关系。

模型中需要根据不同植被的类型计算相对应的可燃物负载量，设 W_C 为草地所提供的可燃物负载量，W_G 为灌木提供的可燃物负载量，W_L 为林木提供的可燃物负载量。则 W_C 的值根据草地的参数确定，当草地参数为无时，W_C 为 0，当草地参数为短草时，W_C 为 4.025t/hm²，当草地参数为长草时，W_C 为 8.05t/hm²。W_G 的值根据灌木高度确定，当灌木参数为无时，W_G 为 0，当灌木参数不为 0 时，则根据式（3-11）计算：

$$W_G = 1.56 \times H_G - 0.364 \tag{3-11}$$

式中 H_G——灌木的高度，m。

W_L 的值同样根据林木参数确定，当林木参数为无时，W_L 为 0，当林木参数不为无时，则使用以下公式计算。

当植被种类为松树时：

$$W_L = 65.69 Y_{bd}^{1.0845} \tag{3-12}$$

式中 Y_{bd}——郁闭度。

郁闭度指森林中乔木树冠在阳光直射下在地面的总投影面积（冠幅）与此林地（林分）总面积的比，是反映森林结构和森林环境的一个重要因子。模型中设定其在茂密时为 0.85，中等时为 0.55，稀疏时为 0.30，下同。

当植被种类为杉树时：

$$W_L = -194.567(1.2 - Y_{bd})^4 - 355.336(1.2 - Y_{bd})^3$$
$$+ 1335.99(1.2 - Y_{bd})^2 - 1086.443(1.2 - Y_{bd}) + 289.208 \tag{3-13}$$

当植被种类为桉树时：

$$W_L = 55.31 Y_{bd} + 8.179 \tag{3-14}$$

可燃物热值 H 指在 101kPa 时，1mol 可燃物完全燃烧生成稳定的化合物时所放出的热量，与植被种类关系较大，其典型植被的热值现有文献研究较多，可直接按照表 3 - 9 使用。

表 3 - 9　　　　　　　　　　常见植被种类可燃物热值

植被种类	杉树	茅草	灌木	桉树	松树
可燃物热值（cal/g）	4587	3873	4417	3900	4552

计算火焰蔓延速度 R 需要采用林火蔓延模型，现有模型大致分为：①经验模型，如美国的罗森梅尔模型、苏联的谢斯柯夫模型和中国的王正非模型；②物理模型，将燃烧床理想化，利用系数修正方法最早提出物理模型，当可燃物温度达到阈值时即着火。因此物理模型模拟结果与实际林火情况具有较大的差距，且存在物理参数较多，参数不确定等情况。在我国应用最广泛的是经验模型，是由统计数据推导而成，实用性强。本模型基于王正非与毛贤敏的组合模型对林火蔓延速度进行计算：

$$R = R_0 K_s K_w K_\varphi \qquad (3-15)$$

式中　R_0——初始蔓延速度；

　　　K_s——可燃物调整系数；

　　　K_w——风调整系数；

　　　K_φ——坡度调整系数。

初始蔓延速度为 R_0，为山火发生在无风和平坦的地表上时的蔓延速度。在这种情况下，空气温度与湿度对它影响较大，因此计算表达式为

$$R_0 = 0.03T + 0.01h_d - 0.3 \qquad (3-16)$$

式中　h_d——当日空气相对湿度，%；

　　　T——大气温度，℃。

实际应用过程中部分植被的可燃物修正系数 K_s 取值已被计算取得，可通过查表获得，见表 3 - 10。

表 3 - 10　　　　　　　　植 被 种 类 修 正 系 数

植被类型	杉树	茅草、杂草	秸秆	次生林	针叶林
K_s	0.8	1.6	0.6	0.7	0.4

植被类型	平铺针叶	枯枝落叶	莎草、矮桦	牧场草原	红松、华山松、云南松等林地
K_s	0.8	1.2	1.8	2.0	1.0

风速大小与风向的变化会对山火蔓延速度产生影响，风调整系数 K_w 的计算表达式为

$$K_w = \mathrm{e}^{0.1783 V_w} \qquad (3-17)$$

式中　V_w——风速，m/s。

坡向与坡度大小也会影响山火蔓延速度，上坡会加速山火的扩散，下坡会减缓山火的扩散，坡度调整系数 K_φ 的计算表达式为

$$K_\varphi = \mathrm{e}^{(-1)^g 3.533 |\tan\varphi|} \qquad (3-18)$$

式中　g——坡向标志；

φ——坡度角。

当坡向为上坡时，$g=0$；当坡向为下坡时，$g=1$。坡度角 φ_p 范围为 $0°\sim90°$。

（2）火焰高度计算。实际火场中测量火焰高度可能较为困难，因此用森林火灾强度估测森林火灾火焰长度（或者高度）是一种常用的方法。1959 年，Byram 提出了火焰长度公式：

$$L = 0.0775 I_F^{0.46} \qquad (3-19)$$

式中　L——火焰高度，m；

I_F——火线强度，kW/m。

（3）火焰温度计算。根据韦格尔经验公式计算火线区域温度 T_H。

$$T_H = T + \Delta\theta = \frac{3.9(I_F)^{\frac{2}{3}}}{H_L} + T \qquad (3-20)$$

式中　$\Delta\theta$——相对气温升高的温度，℃；

H_L——相对火焰底部的高度，m。

火焰底部温度 T_0 计算式为

$$T_B = 3.9(I_F)^{\frac{2}{3}} \qquad (3-21)$$

3. 山火条件下间隙击穿电压计算

由于山火高温和热解过程使得植被碳化，因此模型中将植被看作导体。同时，当植被燃烧时，植被火焰底部和中部的火焰体在稳定燃烧阶段体现为较连续，其火焰区间的电导率相对稳定。同时火焰体的中上部分燃烧不稳定，经常发生火苗跳动情况，这部分不同位置电导率的大小具有较大的随机性，其击穿特性与火焰体连续区具有较大的区别，因此将火焰体部分单独列出进行分析。当火焰没有完全桥接整个间隙时，火焰上方还会出现一段温度较低且被大量灰烬颗粒充满的空气间隙。基于以上分析，将火焰条件下导线对地整体间隙分为火焰连续区、火焰不连续区和烟雾区。综上分析可得，火焰条件下间隙各区间可以通过火焰高度和火焰形状进行划分，间隙模型分区如图 3-64 所示。

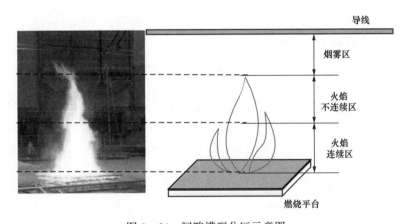

图 3-64　间隙模型分区示意图

图 3-64 中，烟雾区可看作充满颗粒的空气间隙，其击穿电压梯度受海拔因素、温度、颗粒浓度等因素影响，火焰非连续区则主要由植被密度、颗粒浓度影响，火焰连续区主要受植被种类、植被含水量的影响。

（1）导线对地击穿电压。根据上述影响因素可建立导线对地间隙击穿模型，见式（3-22），火焰条件下的间隙对地击穿模型如图 3-65 所示。

$$U_b = \frac{E_a H_s}{C_a C_t C_p} + \frac{E_{HX} H_X}{C_d C_p} + \frac{E_{HF} H_F}{C_K C_w} \tag{3-22}$$

式中 U_b——间隙击穿电压，kV；

      H_s——烟雾区长度，m；

      H_X——火焰非连续区长度，m；

      H_F——火焰连续区长度，m；

      E_a——标准空气间隙击穿电压梯度（359.2kV/m）；

      C_a——海拔修正系数；

      C_t——火焰温度修正系数；

    E_{HX}——标准火焰非连续区平均击穿电压梯度（173.7kV/m）；

      C_p——颗粒修正系数；

      C_d——植被密度修正系数；

    E_{HF}——标准火焰连续区平均击穿电压梯度（60kV/m）；

      C_K——植被种类修正系数；

      C_w——植被含水量修正系数。

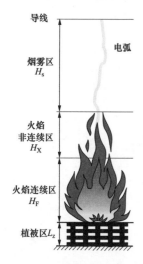

图 3-65 火焰条件下的
间隙对地击穿模型

当前试验结果显示导线分裂数对间隙击穿电压梯度影响较小，因此该模型未考虑导线分裂数的影响。根据多次试验观察火焰形态，可知火焰连续区与非连续区的比例接近 75：100，则在仅已知火焰高度时，可使用该比例对火焰连续区和非连续区进行划分。

（2）导线相间击穿电压。导线相间击穿模型则需根据火焰高度和火焰桥接情况分为多种情况，一种情况是火焰高度严重不足，仅有烟雾区到达导线高度；另一种情况是火焰高度一般，仅有火焰非连续区到达导线高度；还有一种情况是火焰高度较高，连续区火焰已达到导线高度。由于山火发生时通常影响范围较大，因此设定相间均已被山火覆盖。火焰在相间桥接的模型如图 3-66 所示。

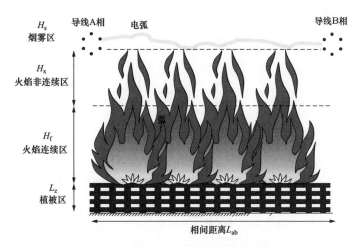

图 3 - 66 火焰条件下的间隙相间击穿模型

类比于相地击穿电压模型，根据火焰影响因素可建立在火焰条件下的间隙相间击穿模型如下。

当相间间隙为火焰连续区桥接时：

$$U_{ab} = \frac{E_{HF}L_X}{C_K C_w} \tag{3-23}$$

式中　U_{ab}——间隙击穿电压，kV；

　　　E_{HF}——标准火焰连续区平均击穿电压梯度（60kV/m）；

　　　L_X——相间距离，m。

当相间间隙为火焰非连续区桥接时：

$$U_{ab} = \frac{E_{HX}L_X}{C_p C_d} \tag{3-24}$$

当相间间隙为烟雾区桥接时：

$$U_{ab} = \frac{E_a L_X}{C_a C_t C_p} \tag{3-25}$$

（3）地线间隙击穿电压计算。地线位于导线上部，而山火则发生于地面，因此导线—地线击穿风险相对于导线—地面风险较低。而地线间隙击穿风险与导线—地面间隙的火焰桥接情况密切相关，需要综合火焰高度等各种情况进行判断。

1）火焰连续区桥接时，植被顶部至地线之间的间隙均为火焰连续区，此时火焰连续区长度等于导线与地线之间的距离 X_{dx}。

此时导线对地线击穿电压计算式为

$$U_g = \frac{E_{HF} X_{dx}}{C_k C_w} \tag{3-26}$$

式中　U_g——间隙击穿电压，kV；

　　　E_{HF}——标准火焰连续区平均击穿电压梯度（60kV/m）；

　　　X_{dx}——导线与地线间距离，m。

2）火焰非连续区桥接时，地线至导线之间的间隙包括火焰连续区和火焰非连续区，此时火焰连续区长度 H_{FG} 与火焰非连续区长度 H_{XG} 的计算式为

$$H_{FG} = L + H - H_{gh} \tag{3-27}$$

$$H_{XG} = H_{dx} - H_{FG} \tag{3-28}$$

此时导线对地击穿电压计算式为

$$U_g = \frac{E_{HX} H_{XG}}{C_p C_d} + \frac{E_{HF} H_{FG}}{C_K C_w} \tag{3-29}$$

式中　E_{HF}——标准火焰连续区平均击穿电压梯度（60kV/m）；

　　　H_{FG}——火焰连续区长度，m。

3）烟雾区桥接时，地线至导线之间的间隙可能包括火焰连续区、火焰非连续区和烟雾区，此时需要根据其他情况进行综合判断。

当对地间隙为烟雾区桥接时，导线与地线间间隙为纯烟雾区，烟雾区长度为 X_{dc}，则击穿电压计算式为

$$U_g = \frac{E_a X_{dc}}{C_a C_t C_p} \tag{3-30}$$

式中　X_{dc}——烟雾区长度，m。

当对地间隙为非连续区桥接时，导线与地线间间隙为火焰非连续区和纯烟雾区，烟雾区长度 H_{SG} 和非连续长度 H_{XG} 计算如下：

$$H_{XG} = L + H - H_{gh} \tag{3-31}$$

$$H_{SG} = H_{dx} - H_{XG} \tag{3-32}$$

则击穿电压计算式为

$$U_g = \frac{E_a H_{SG}}{C_a C_t C_p} + \frac{E_{HX} H_{XG}}{C_d C_p}$$ (3-33)

式中　H_{SG}——烟雾区长度，m；

　　　H_{XG}——火焰非连续区长度，m。

当对地间隙为连续区桥接时，火焰连续区长度 H_{FG}、火焰非连续区长度 H_{XG} 和烟雾区长度 H_{SG} 的计算式为

$$H_{FG} = L + H - H_{gh}$$ (3-34)

$$H_{XG} = L - H_{FG}$$ (3-35)

$$H_{SG} = H_{dx} + H_{FG} - H_{XG}$$ (3-36)

此时导线对地击穿电压计算式为

$$U_g = \frac{E_a H_{SG}}{C_a C_t C_p} + \frac{E_{HX} H_{XG}}{C_d C_p} + \frac{E_{HF} H_{FG}}{C_K C_w}$$ (3-37)

式中　E_{HF}——标准火焰连续区平均击穿电压梯度（60kV/m）。

（4）导线对树冠间隙击穿电压计算。树冠间隙击穿电压需要考虑发生的火灾类型，当火灾类型为地表火或地下火时，树冠与导线间距 H_T 为 $X_{gh} - H$，则其间隙击穿电压 U_t 可用式（3-38）计算：

$$U_t = \frac{E_a H_T}{C_a}$$ (3-38)

式中　U_t——间隙击穿电压，kV；

　　　H_T——树冠与导线距离，m。

而当火势较大，火灾形式变为树干火或树冠火后，由于树木本体烧焦碳化，相当于把导线—地面间隙短接了一部分，因此此时可把其击穿电压与导线对地击穿电压看作一致。

3.3.4　间隙击穿模型修正系数

上节提出了山火条件下导线对地面、相间、地线和树冠的击穿电压模型，为取得其中的模型修正系数，需要根据间隙击穿试验研究结论和相关文献材料，分析其中所需修正系数的值或计算方法。

(1) 海拔修正系数。武汉试验基地海拔为 23.3m，昆明试验基地海拔为 2100m。武汉试验基地的空气间隙击穿电压梯度为 359.2kV/m，昆明试验基地的空气间隙击穿电压梯度为 268.3kV/m，选择以武汉试验基地海拔为基准，假设山火发生位置的海拔为 H_b，则该海拔下的空气间隙击穿电压梯度的海拔修正系数 C_a 计算式为

$$C_a = \frac{1}{2 - e^{\frac{H_b - 23.3}{8150}}} \tag{3-39}$$

根据试验结果，火焰连续区的击穿电压梯度变化不明显，因此火焰连续区不考虑海拔修正系数。

(2) 植被密度修正系数。根据间隙击穿试验，可知不同高度植被垛的火焰连续区击穿电压梯度相差不大，均为 62.0kV/m，而非火焰连续区相差较大，15 层时为 173.7kV/m，20 层与 25 层杉木火焰间隙非火焰段的平均击穿电压梯度分别为 88.8kV/m 和 82.5kV/m。由此可得火焰非连续区击穿电压梯度与林地可燃物载量 W 的关系式如下：

$$E_{HX} = -6.319W + 271 \tag{3-40}$$

以 15 层木垛条件下的火焰非连续区击穿电压梯度为基准，则火焰非连续区植被密度修正系数 C_d 计算式为

$$C_d = \frac{173.7}{-6.319W + 271} \tag{3-41}$$

(3) 烟雾颗粒修正系数。根据试验结果，得到纯烟雾区的击穿电压梯度为空气间隙的 85%，因此烟雾颗粒修正系数 $C_p = 1.18$。

(4) 植被种类修正系数。根据试验结果测得的杉木平均电压击穿梯度为 60kV/m，以该植被为基准，同其他植被击穿电压梯度相比，得到不同种类高风险植被的植被种类修正系数 C_K 如下：水杉木：1；云南松：1.13；桉树：0.96；灌木：0.93；茅草：0.88。

(5) 植被含水量修正系数。根据绝对含水量计算式，计算不同植被的含水量：

$$W_D = \frac{自然鲜重-烘干重}{烘干重} \times 100\% \qquad (3-42)$$

式中 W_D——植被绝对含水量,%。

通过试验研究得到其与击穿电压梯度之间的关系式如下:

$$E_{HF} = -0.2W_D + 62.7 \qquad (3-43)$$

以 15% 绝对含水量植被下的击穿电压梯度为标准,则植被含水量修正系数 C_w 计算式如下:

$$C_w = \frac{60}{-0.2W_D + 62.7} \qquad (3-44)$$

(6) 火焰温度修正系数。当空气被加热时,其密度会降低,从而导致击穿电压降低,其击穿电压梯度的计算式如下:

$$U_{HT} = -0.707T_1 + 351.57 \qquad (3-45)$$

式中 U_{HT}——高温条件下的空气击穿电压,kV;

T_1——空气温度,℃。

程序中则以 T_0 为该种植被火焰顶部最高温度,t_f 为火焰在导线高度处的温度,则火焰温度修正系数 C_t 计算式为

$$C_t = \frac{359.2}{-0.707\dfrac{T_0+T_f}{2} + 351.57} \qquad (3-46)$$

(7) 交流与直流击穿电压梯度区别。由于正极性直流电压击穿电压低于负极性击穿电压,风险最高,因此本模型仅考虑正极性条件下的击穿电压计算。在不同火焰桥接比例条件下,对比同参数下的正极性直流击穿电压和工频击穿电压,得到正极性直流击穿电压的修正系数 C_{dc},如图 3-67 所示,其拟合式为

$$C_{dc} = -188Q + 224 \qquad (3-47)$$

式中 Q——桥接比,即火焰高度和间隙距离的比值。

若线路电压等级判断该线路为直流线路,则在求得 U_b、U_{ab}、U_g 和 U_t 后乘以 C_{dc} 得到此时直流击穿电压。

3.3.5 山火跳闸风险评估模型

架空输电线路在山火条件下发生跳闸主要表现为导线对地放电及导线对导

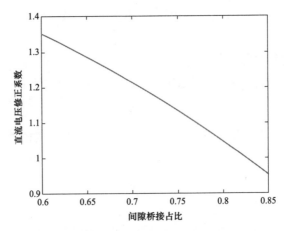

图 3 - 67　直流修正系数与火焰间隙桥接比例的关系

线放电，即相地击穿和相间击穿。架空输电线路山火跳闸概率评估主要依据间隙所承担电压和其击穿电压的大小进行判断，分为相地跳闸概率、相间跳闸概率，根据不同跳闸概率风险的高低，可分为极高、高、中等、低四个等级，具体评估如下。

首先计算线路的最大电压，当线路类型为交流时，输电线路的线电压（电压等级）为 U_L，则相地的电压有效值 U_a 为 $U_L/\sqrt{3}$，相间的电压有效值 U_{al} 为 U_L。当线路类型为直流时，输电线路的对地电压为单极运行电压，即线电压 U_L，相间以双极之间电压为准，为两倍的 U_L，即 $2U_L$。

（1）相地跳闸风险判断。相地跳闸风险为 P_D，对比相地的电压峰值 U_a 与击穿电压计算值 U_b 的大小，可将相地间线路跳闸的风险等级分为四级：

当 $U_b > 1.5U_a$ 时，为低风险；

当 $1.5U_a \geqslant U_b > 1.2U_a$ 时，为中等风险；

当 $1.2U_a \geqslant U_b > 1.1U_a$ 时，为高风险；

当 $1.1U_a \geqslant U_b$ 时，为极高风险。

（2）相间跳闸风险判断。相间跳闸风险为 P_J，对比相间的电压峰值 U_{al} 与击穿电压计算值 U_{ab} 的大小，可将相间线路跳闸的风险等级分为四级：

当 $U_{ab} > 1.5U_{al}$ 时，为低风险；

当 $1.5U_{al} \geq U_{ab} > 1.2U_{al}$ 时，为中等风险；

当 $1.2U_{al} \geq U_{ab} > 1.1U_{al}$ 时，为高风险；

当 $1.1U_{al} \geq U_{ab}$ 时，为极高风险。

（3）地线跳闸风险判断。相地跳闸风险为 P_g，对比相地的电压峰值 U_a 与击穿电压计算值 U_g 的大小，可将导线与地线之间跳闸的风险等级分为四级：

当 $U_g > 1.5U_a$ 时，为低风险；

当 $1.5U_a \geq U_g > 1.2U_g$ 时，为中等风险；

当 $1.2U_a \geq U_g > 1.1U_a$ 时，为高风险；

当 $1.1U_a \geq U_g$ 时，为极高风险。

（4）树冠跳闸风险判断。相地跳闸风险为 P_t，对比相地的电压峰值 U_a 与击穿电压计算值 U_t 的大小，可将导线与树冠之间跳闸的风险等级分为四级：

当 $U_t > 1.5U_a$ 时，为低风险；

当 $1.5U_a \geq U_t > 1.2U_a$ 时，为中等风险；

当 $1.2U_a \geq U_t > 1.1U_a$ 时，为高风险；

当 $1.1U_a \geq U_t$ 时，为极高风险。

当模型判断为低风险时，表示线路跳闸概率较低，仅在发生极端火行为时（如火旋风等）才可能引发跳闸，其跳闸概率等效为极端火行为发生概率（约 3%），但仍需时刻注意山火火场的变化，以便于能够及时修改参数进行评估；中等风险表示线路跳闸概率一般，仅在发生严重飞火等火行为时才可能引发跳闸，其跳闸概率等效为飞火行为引燃植被的概率（约 35%），需要重点加强对该火点的监测，以防止火势蔓延扩大；高风险表示线路跳闸风险较高，火焰辐射热能就可引发附近植被燃烧，其等效跳闸概率为 60% 以上，需要及时采取灭火或停运措施；极高风险表示线路跳闸概率已达最高，其跳闸概率根据正态分布中的 3σ 原则（正态分布的样本数据中，σ 代表标准差，μ 代表均值，样本的取值几乎全部集中在（$\mu-3\sigma$，$\mu+3\sigma$）区间内，因此可以忽略超出这个区间的数据。）等效为 95% 及以上，应以最快速度采取灭火或停运措施，防止线路跳闸。

3.3.6 山火跳闸风险评估软件

根据架空输电线路山火跳闸风险评估模型编写了相应的软件程序，并且制作了可视化的操作界面，具体界面如图 3－68 所示。

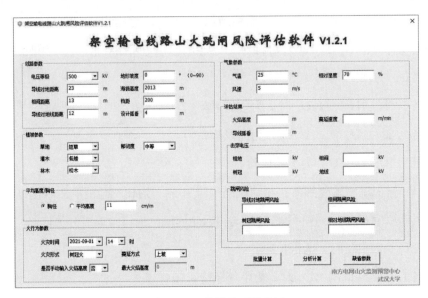

图 3－68 软件界面示意图

本软件可综合各因素对大面积山火条件下，架空输电线路山火跳闸风险进行实时评估。其主要功能为：可以根据山火发生状态实时手动输入线路参数、植被参数、火行为参数和气象参数，程序即可自动使用内置参数及公式完成交流、直流架空输电线路的相地、相间等间隙击穿电压计算，并判断跳闸风险，将评估结果输出至显示界面。

3.3.7 本节结论

本节基于前期南方电网跳闸数据调研结果、典型植被燃烧特征试验结果及火焰条件下间隙击穿试验结果，提出了包括植被生长高度计算模型、火焰行为参数计算模型、山火条件下导线弧垂计算模型、山火条件下间隙击穿电压计算模型在内的架空输电线路山火跳闸风险评估模型，并且通过 2019—2021 年的南方电网实际跳闸数据对该模型进行验证和优化，所得结论如下：

（1）根据文献调研确定了杉木、松树、桉树、灌木和茅草五种高风险植被的生长模型，能够反映输电线路走廊附近植被生长高度情况；根据文献调研确定了火焰行为参数、山火条件下的导线温升弧垂计算方法。

（2）提出了基于火焰形态划分的分段式火焰间隙击穿模型，将植被火条件下的火焰间隙分为火焰连续区、火焰非连续区和烟雾区，并针对不同火焰桥接情况提出了间隙击穿电压计算模型。

（3）根据植被火条件下架空线路长间隙击穿特性试验结果，得到海拔、植被种类、烟雾等参数的修正系数，并编制了对应的评估软件。利用南方电网现有跳闸数据进行验证，跳闸案例验证准确率为 84.85%，跳闸案例验证准确率为 86.67%，表明了该模型计算间隙击穿电压的准确性。

3.4　本　章　小　结

本章依托模拟山火试验平台，研究了植被火条件下架空线路长间隙绝缘失效机理。获得了考虑海拔、植被类型等多参量影响的长空气间隙的交、直流击穿特性，建立了火焰通道分段的架空线路跳闸概率模型，准确率达 86.67%，为电网山火应急处置智能决策提供了理论和数据基础。

（1）南方电网的山火跳闸时空分布具有较强的季节性特点。初春的 2～4 月是跳闸事故的频发时期，且山火跳闸集中发生在每日中午时段；地理分布上，云南电网山火跳闸数量最多。影响山火条件下架空输电线路跳闸的影响因素包括间隙长度、气象条件、线路因素、地理条件、火灾情况。典型的高风险植被为速生桉、云南松、水杉、茅草、灌木。

（2）最大火势阶段的平均火焰高度和间隙击穿电压随着植被垛层数的增加出现饱和现象。火焰全桥接时的间隙击穿电压随间隙距离的上升呈现线性关系，火焰桥接比例越高，间隙击穿电压水平越低；火焰全桥接时的平均击穿电压梯度为 60kV/m。

（3）其中火焰主体部位不需要考虑海拔修正，火焰非主体部位和烟雾区需要考虑海拔修正。植被类型对间隙击穿特性的影响主要体现在火焰主体部位，草本植物具有最低的平均击穿电压梯度。植被绝对湿度与火焰全桥接时的间隙击穿电压的大小呈线性关系，植被湿度越高，间隙击穿电压越低。

（4）导线分裂数的改变对间隙击穿特性的影响很小。相间间隙的击穿电压与火焰桥接的比例以及火焰的高度有关，火焰基本桥接时的平均击穿电压梯度在 100kV/m。相同情况下直流的平均击穿电压梯度要高于交流，在火焰 75% 桥接时的直流修正系数为 1.19。

（5）模型验证数据分为跳闸和未跳闸两部分，其中跳闸验证算例数量为 29 个，未跳闸算例 33 个，模型验证过程中将极高风险、高风险看作预测跳闸，将中等风险、低风险看作未跳闸，结果表明跳闸案例验证准确率为 84.85%，跳闸案例验证准确率为 86.67%。

第4章 输电线路山火隐患精细评估和防治技术研究

由于地形气候和周边用火习惯不同，不同的地区的输电通道发生山火的概率不一样，且发生山火后对架空输电线路运行稳定性的影响也不一样。本书收集了南方电网管辖区域内与山火事件有关的人为因素、气候因素、下垫面因素、地形因素等14种特征数据，结合特征优选技术和贝叶斯理论建立了输电走廊山火风险评估方法，获得了南方电网各个区域发生山火的风险概率，绘制了南方电网的山火风险分布图。融合了包含激光点云在内的多源时空地理信息，提出了适用于南方电网的典型树种识别算法，对输电走廊下方的典型山火致灾树种进行了智能识别。结合典型树种和其他架空线路物理信息参数，以输电线路山火跳闸模型为基础，选取了16处典型输电通道进行山火隐患评估，确定了山火隐患区段，为后续开展隐患清理工作奠定了基础。结合卫星监测盲区分布图，在全网高山火风险和盲区的输电线路杆塔上安装在线监测装置，与无人机巡线相配合，建立了"天-空-地"立体化山火监测预警体系，实现了"全线巡视"到"重点隐患区段巡视"转变，提升了局部重点区域山火防御水平。

4.1 输电线路山火风险分布图

4.1.1 山火影响因子选择

目前加拿大的CFFDRS、美国的NFDRS和澳大利亚的McAnhur等国外应用广泛的森林火险等级系统多通过分析各种气象因子对山火产生的影响，构建出基于气象因子的森林火险等级系统。我国林业部门同样以气象因子为主进行森林火险评估，采用气温、湿度、降水以及风速对天气进行预测，进而对森林火灾发生概率进行预估。但该类方法只适用于大面积的林区山火风险等级评估，不能直接运用于小范围的输电线路走廊山火风险评估。T/CSEE/Z 0020—2016采用历史火点密度与植被燃烧危害等级评价输电线路的山火风险，但山火灾害的爆发往往源于多种致灾因子的共同作用，与火源存在、可燃物充足和火环境适宜等条件密切相关。气象要素或少量的山火因子难以准确评价山火风险等级。

火源一般分为人为火源与自然火源。人为火源指的是由于人类生产劳作时用火产生的意外火源，或者人类生产系统如输电线路短路接地引发的火灾事件；自然火源则主要指的是自然界由于雷击等自然现象导致的火灾，主要与地理环境以及下垫面的植被类型、植被覆盖度等因素有关。而火环境则主要指火险天气条件、林内小气候以及地形等。为此，选取并收集了包括人为、气候、下垫面以及地形等14种山火风险因子的数据，开展了一系列山火风险评估技术的研究，如图4-1所示。

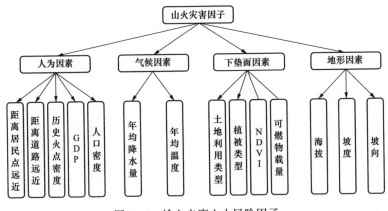

图4-1 输电走廊山火风险因子

1. 人为因素

人类活动对火灾发生和发展过程有着非常重要的影响，已成为森林草原火灾的主要起火原因。统计表明，诱发山火的火源90%以上为野外用火，主要包括烧荒、炼山等生产性用火和野外吸烟、祭祀等非生产性用火。因此，选择了历史火点密度、国内生产总值（gross domestic product，GDP）、人口密度、距离道路远近和距离居民点远近 5 个人为因子，研究这些因子的空间分布规律。

其中历史火点密度为每年每 $100 \mathrm{km}^2$ 区域内发生山火的次数，由过去 5 年卫星遥感监测的山火热点按照 $1 \mathrm{km} \times 1 \mathrm{km}$ 网格划分后计算得到。以 2010—2014 年期间的火点为例，计算方法如下：

（1）首先将研究区域以 $2.5 \mathrm{km} \times 2.5 \mathrm{km}$ 精度进行的网格划分。其中单个网格的面积为

$$S = d_1 \times d_2 = 0.617 \pi R_0 \delta^2 \cos\alpha \tag{4-1}$$

$$d_1 = 111 \times \delta \tag{4-2}$$

$$d_2 = \frac{\delta \pi R_0 \cos\alpha}{180} \tag{4-3}$$

式中　d_1、d_2——网格沿经度线和纬度线所跨越的距离，km；

　　　δ——网格所占纬度大小，取 0.25；

　　　R_0——地球平均半径，6371km；

　　　α——网格中心点的纬度。

（2）然后将收集的历史火点分布到相应网格，计算历史火点密度 D_x ［个/（$100 \mathrm{km}^2 \cdot$ 年）］：

$$D_x = \frac{F_x}{100 SY} \tag{4-4}$$

式中　F_x——网格内统计火点个数；

　　　Y——火点统计时间跨度；

　　　S——网格面积。

（3）为了和研究区域网格精度相保持一致，采用插值算法，如克里金算法，将历史火点密度插值至分辨率为 $1 \mathrm{km} \times 1 \mathrm{km}$。

历史火点密度反映了区域历史山火发生的频次和空间分布情况，可以综合反映山火易发区域和包括人为活动在内的山火风险情况，广东省东部和北部、广西壮族自治区中部、云南省西南部和贵州省南部区域为历史山火高发区，需要进行重点防范。

GDP 和人口密度可以间接反映人们的用火习惯和频次。其中 GDP 是衡量经济发展水平的重要指标，反映了某个地区的经济实力和市场规模。通常认为，在人口高度集中的城市地区，防火设施与政策完善，且城区可燃物分布少，山火发生极少。而在周边没有村落分布、人迹罕至的山区，由于缺乏人为火源，发生的山火为少量的极端天气条件造成（雷击树木起火）。研究表明山火发生多分布在城郊、乡村等人口密度适中的区域，该区域也多表现为 GDP 中等偏下。

GDP 和人口密度的分布基本相同，在南方电网管辖范围的东部存在较高的人口密度和 GDP 值。在广东省的珠江三角洲和各大省会城市及其周边地区，人口集中，对应的经济发展水平处于领先位置。据此，GDP 和人口密度呈现高度相关的趋势，在选取模型指标的时候，两者取其一即可。

除此之外，距离道路和居住地距离能够很好地反映出采样点距离人类活动范围的远近。山火通常发生在人类活动中低的地区，即距离道路和居住点适当距离的区域。如果距离过近，则由于道路和城镇地区的植被覆盖率较低，以及人类的及时干预使得山火难以发生，或即便发生后也容易及时被扑灭；而距离过远时，虽然拥有较高的植被覆盖情况，但由于人为活动少，缺乏足够火源引发大量火灾。距离道路和居住地距离的数据可通过 ArcGIS 邻域计算工具计算。

2. 气象因素

火险天气是诱发山火发生的重要条件，且各个气象因素之间存在相互影响的耦合关系。与山火发生最为密切的气象因素是年降水量和年均温度。降水的存在会使得湿度增加，从而影响森林植被的生长情况，甚至影响森林可燃物的含水情况和燃烧能力。而气温的升高通常是由太阳辐射引起的，伴随着热量交换的过程，空气将从可燃物中吸收水分，可燃物的含水量降低。年降水量高的地区对应的植被生长茂盛且蒸腾作用小，同时土壤的锁水能力和空气湿度也较大。年均温度较高则对应植被的蒸腾作用大，促进生物质的快速干燥，进而影响地表植被可燃性发生改变。

南方电网管辖范围由于横跨五省地区，呈现较为显著的气象差异分布。其中年均温度主要受到纬度和海拔的影响。海南岛最靠近地球赤道，年均气温达到了 28℃ 以上。而云南和贵州北部地区，随着纬度增加，年均温度随之降低。另一方面，云贵高原由于海拔的升高导致年均温度低于东部沿海和内陆的广东省、广西壮族自治区的下降，最低年均温度仅 6.9℃。而年降水量方面，东部沿海地区的降水量要高于西部内陆地区。以广东省全境和广西壮族自治区东部地区降水量最高，年降水可达 2625mm^3。这是因为广东省东部、南部连接南海，直接受海洋气流作用生成气团带来了高降水。

3. 下垫面因素

地表可燃物构成引发山火灾害的物质基础。不同的下垫面植被种类和数量，着火的难易程度也不同。如山火多发生在野外植被条件良好的山区林地、灌木区和草甸；城乡居民与工业用地由于可燃物较少，引发山火的概率较小。可燃物与植被类型、植被覆盖度等因素有关，因此分别选择了土地利用类型、植被类型、可燃物载量、归一化植被指数（normalized difference vegetation index，NDVI）四个因子来反映下垫面情况对山火风险的影响。其中土地利用类型和植被类型可表征地表可燃物类型分布情况，可燃物载量反映单位面积上可燃物的烘干重量，NDVI 植被指数为反映地表植被的覆盖情况。

4. 地形因素

下垫面的地形地貌往往会直接影响植被的构成、可燃物覆盖情况，甚至改变局部土壤含水率和大气湿度等。因此选择海拔、坡度和坡向 3 个地形因素反映了目标区域的地形地貌情况。随着海拔的升高，植被（雨林、阔叶、针叶、高山草甸等）呈现垂直分布，并且从人口密度和 GDP 等分布可以看出，这些地区人为活动也逐渐减少。坡向直接影响地表接受太阳辐射的多寡。阳坡接收太阳辐射多，大气和可燃物湿度较低，温度也相对阴坡更高，更适宜山火的发生与蔓延；坡度则主要影响山火蔓延速度。随着坡度的增大，地表径流越快，可燃物越易于干燥一旦被点燃也更容易蔓延成大火危及电网安全。

由于云贵高原的存在，自东到西海拔呈现逐渐升高的趋势，且伴随着海拔的升高，坡度也呈现东低西高的大体趋势。广西壮族自治区、云南省和贵州省是我国喀斯特地貌广泛分布的省份，其复杂地形随之带来的是坡向分布的无规律性。

上述因子除了历史火点是由国家卫星气象中心直接提供以外，剩下的县级居民点、乡级以上公路、人口密度、土地利用类型、植被类型、NDVI、海拔、坡度和坡向数据均从中国科学院资源环境科学与数据中心获取。利用 DEM 计算得到采样点距离居民点远近、距离道路远近、海拔、坡度和坡向数据。

4.1.2 火点样本数据预处理

以国家卫星气象中心提供的 2015—2019 年监测火点经纬度为基础，利用地理信息软件进行对应位置的山火风险因子数提取，形成火点样本及其特征。然后基于研究区域划分的所有网格，采用随机抽样的方法抽取研究区域内与火点数相同的网格，作为无火点样本。为防止火点样本与非火点样本在空间位置上的重合或距离过近，计算其中心点距离已知火点的距离，以 3km 作为缓冲距离，若大于 3km，则记为无火点；小于 3km，则删去该无火样本点。火点样本数据中往往存在异常值和空缺值。在异常值处理之前需要对异常值进行识别。常见的异常值识别方法有单变量散点图法或者箱线图法等。识别出异常值后将其视同为空缺值，然后与其他空缺值一起，采用拉格朗日插值法进行填充。

根据山火风险因子数据的收集，土地利用类型以及植被类型为离散变量，剩余的因子数据为连续变量。由于贝叶斯模型对于离散型数据的处理效率更高，模型稳健性更好，将各山火影响因子进行离散化处理。首先将火点样本与无火点样本各连续性因子的数据进行分布频率统计，然后根据有火与无火的差异性对其数据区间进行划分。而坡向则根据物理角度定义的东南西北进行手动离散化，其中，连续型山火影响因子的数据离散标准见表 4-1。

表 4-1　　　　　　　　连续型山火影响因子数据离散化标准

影响因子	类别			
	1	2	3	4
距离道路远近（m）	[0, 812.5)	[5937.5, ∞)	[812.5, 1437.5)	[1437.5, 5937.5)
距离居民点远近（m）	[0, 675)	[2925, ∞)	[2025, 2925)	[675, 2025)
人口密度（人/km²）	[0, 42.375)	[126.62, 314.06)	[314.06, ∞)	[42.375, 126.62)
火点密度 [个/(100km²·年)]	[0, 157.5)	[157.5, 282.5)	[282.5, 1057.5)	[1057.5, ∞)

续表

影响因子	类别			
	1	2	3	4
NDVI 植被指数	[0.885，∞)	[0，0.695)	[0.695，0.745)	[0.745，0.885)
年均降雨量（mm）	[72.5，114.5)	[0，72.5)∪[144.5，149.5)	[193.5，205.5)∪[239.5，∞)	[114.5，144.5)∪[149.5，193.5)∪[205.5，239.5)
年均温度（℃）	[10.75，17.15）	[0，10.75)	[23.35，∞)	[17.15，23.35)
海拔（m）	[1745，∞)	[0，45)∪[605，1105)	[1105，1745)	[45，605)
坡度（°）	[0，1.375)	[20.375，∞)	[11.875，20.375)	[1.375，11.875)
坡向（°）	[0，45°)∪[315°，360°]	[45°，135°)	[135°，225°)	[225°，315°)

对于土地利用类型、植被类型这些原本数据就是离散型的山火影响因子，则依据其山火易燃程度对数据进行分级，分级标准见表4-2和表4-3。

表4-2　　　　　　　　　土地利用类型分级标准

级别	类别
1	水田、旱地、水域、未利用土地、海洋、城乡、工矿、居民用地
2	灌木林、低覆盖草地
3	疏林地、中覆盖草地
4	有林地、其他林地、高覆盖度草地

表4-3　　　　　　　　　植 被 类 型 分 级 标 准

级别	类别
1	荒漠、沼泽、栽培植物、其他
2	草甸、草丛、草原、高山植被
3	阔叶林、灌丛
4	针叶林、针阔混交林

4.1.3　基于贝叶斯理论的山火风险评估模型

1. 贝叶斯的基本原理

贝叶斯理论由 18 世纪英国数学家托马斯·贝叶斯提出。利用贝叶斯理论可以表示两个条件概率之间关系，在不确定性环境中实现知识表达、概率推算、结果预测、原因推理等。贝叶斯理论将人类对事物的先验认知（先验概率）、新生的证据（条件概率）巧妙地结合在一起，并根据证据的变化推算事物发展变化的情况（后验概率），这种基于概率统计的特性使其在灾害预测、医学诊断、语音识别等不确定性领域受到广泛使用。贝叶斯定理的表达式如下：

$$P(X|Y) = \frac{P(Y|X)P(X)}{P(Y)} \qquad (4-5)$$

式中　$P(X)$ 和 $P(Y)$——先验概率，根据以往经验或数据分布情况得到；

　　　　$P(Y|X)$——已知事件 X 发生的条件下 Y 发生的概率；

　　　　$P(X|Y)$——后验概率，即已知结果 Y 由事件 X 引起的可能性的大小。

统计得到山火发生与否下各影响因子的概率分布后，可通过贝叶斯定理反推特定条件下的山火发生概率，评估输电走廊山火风险。

利用贝叶斯定理时最大的困难在于从有限的训练样本直接估计所有相互耦合的因子条件的联合概率 $P(Y|X)$。而朴素贝叶斯方法则基于条件独立性假设开展条件推理，即假定给定目标值时，目标各属性之间相互条件独立，不考虑任何属性变量对于决策结果的影响权重。虽然条件独立性假设忽略了事物之间的相互联系，但是在实际的应用场景中，在极大地简化了贝叶斯模型复杂性的同时，仍然能获得可以接受的预测准确性能。

2. 山火影响因子贡献程度排序

影响山火发生事件的因子众多。不同因子对山火发生的贡献程度不同，且会随着研究区域的不同表现出一定的差异性。这些因子之间存在相互耦合的同时，一些不必要的因子还可能引入一定量对山火风险分析的噪声，造成数据的冗余并使得模型复杂度上升。建模之前可采用 Relief 算法对各影响因子的贡献度进行排序，选择适当数量的影响因子提高模型运算效率，提高评估结果准确性。

Relief 算法最早由 Kira 和 Rendell 提出，是一种针对二分类数据的因子权重计算方法，其基本思想在于根据各个因子和类别的相关性赋予因子不同的权重。图 4-2 为两个因子的 Relief 算法示意图，S_i^{NH} 和 S_i^{NM} 分别代表同类和异类的最邻近样本，S_i 为随机抽样点。对于特征因子 x_1，异类样本间的距离 $D(x_1, S_i, S_i^{NM})$ 大于同类样本的距离 $D(x_1, S_i, S_i^{NH})$，说明因子 x_1 有益于区分同类和异类的最近邻，应赋予更大的权重；而对于特征因子 x_2，异类间的距离 $D(x_2, S_i, S_i^{NM})$ 小于同类间的距离 $D(x_2, S_i, S_i^{NH})$，说明因子 x_2 无益于区分同类和异类最近邻，应赋予较小的权重。算法的基本步骤如下：

（1）首先从样本集 $D=(S_1, S_2, \cdots, S_n)$ 随机抽取一个样本 S_i。

（2）从与 S_i 同类型样本中寻找最邻近样本 S_i^{NH}，从与 S_i 异类型样本中寻找最邻近样本 S_i^{NM}。

（3）计算最邻近样本间关于某一因子 x_j 的距离 $D(x_j, S_i, S_i^{NM})$。

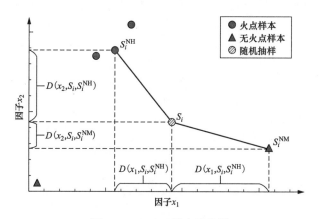

图 4-2　Relief 算法示意图

当因子 x_j 为离散型变量时：

$$D(x_j, S_i, S_i^{NM}) = \begin{cases} 0 & x_j \neq S_i^{NM} \\ 1 & x_j = S_i^{NM} \end{cases} \qquad (4-6)$$

当因子 x_j 为连续型变量时：

$$D(x_j, S_i, S_i^{NM}) = \left| \frac{x_j - S_i^{NM}}{\max(x_j) - \min(x_j)} \right| \qquad (4-7)$$

（4）再重新随机抽取样本，循环更新每个因子的权重：

$$\omega_j^* = \omega_j + \left[\frac{D(x_j, S_i, S_i^{NM})}{m} - \frac{D(x_j, S_i, S_i^{NH})}{m} \right] \qquad (4-8)$$

式中　　　　　　　　　　ω_j 和 ω_j^*——因子 x_j 的初始权重和迭代后权重；

　　　　　　　　　　　　m——随机抽样的次数；

$D(x_j,S_i,S_i^{\text{NM}})$、$D(x_j,S_i,S_i^{\text{NH}})$——因子 x_j 关于两类最近邻的距离函数。

　　在计算 Relief 权重分析时，为避免因子分级对结果的影响，所有的山火因子数据仍采用原始的数据形式，即植被类型和土地利用类型为离散型变量，其余因子为连续型变量。计算得到的 14 个影响因子的权重及排序见表 4-4。

表 4-4　　　　　　　　　　　　山火影响因子权重计算结果

序号	影响因子	权重
1	距离居民点远近	0.1265
2	植被类型	0.1227
3	距离道路远近	0.1182
4	年降水量	0.1043
5	火点密度	0.0997
6	土地利用类型	0.0922
7	海拔	0.0873
8	NDVI	0.0789
9	坡向	0.0554
10	可燃物载量	0.0376
11	人口密度	0.0297
12	年均温度	0.0245
13	坡度	0.0134
14	GDP	0.0096

　　距离居民点远近、植被类型和距离道路远近是对输电走廊山火发生概率影响最大的三种因子。这主要是因为人类用火行为主要集中在其居住和交通的活动范围附近，且周围特定的植被类型对火焰的产生和蔓延影响差异明显。而人口密度、年均温度、坡度和 GDP 是对区分火点样本和非火点样本贡献度最小的四种因子。这主要因为 Relif 算法是一种线性算法。人口密度较低区域对应较少的人为活动，其山火诱因主要是雷电等自然因素，人为活动对山火发生的影响较小。而研究区域作为重要林区，大部分区域人口较少，对应的人口密度和 GDP 较低，因而对诱发山火影响较小。年均温度的贡献度较低则主要是因为南

方电网不同区域的年均温度差异较小，因此对区分样本的贡献度较小。

3. 贝叶斯模型构建

贝叶斯网络的构建包括结构学习和参数学习两个步骤。由于条件独立性假设，朴素贝叶斯网络结构相对简单，即父节点为山火风险，子节点为各山火风险影响因子，因此无需额外的结构学习步骤。对应的模型参数学习的过程如下：

（1）选取 2015—2019 年的火点样本，并随机抽取相同数量的无火点样本。根据离散化结果对各因子进行分级处理。然后随机抽取 70% 的火点和无火点样本组成训练集，其余 30% 的样本作为测试集用以评估模型效果。

（2）学习参数，根据训练集的样本分布，基于极大似然估计分别获得各个因子在有火与无火下的条件概率表。

（3）计算测试集样本山火发生后验概率：

$$P(Y=1|x_1,x_2\cdots,x_n)=\Pi P(x_i|Y=1) \tag{4-9}$$

$$P(Y=0|x_1,x_2,\cdots,x_n)=\Pi P(x_i|Y=0) \tag{4-10}$$

式中　$P(Y=1|x_1,x_2,\cdots,x_n)$——推算后的山火发生概率；

　　　$P(Y=0|x_1,x_2,\cdots,x_n)$——推算后的山火不发生概率；

　　　$x_1,\cdots,x_n$——各山火影响因子。

（4）按照式（4-11）将概率进行归一化后得到最终山火发生概率 $P(Y)$。

$$P(Y)=\frac{P(Y=1|x_1,x_2,\cdots,x_n)}{P(Y=1|x_1,x_2,\cdots,x_n)+P(Y=0|x_1,x_2,\cdots,x_n)} \tag{4-11}$$

（5）选取 50% 作为概率阈值将结果划分易发生山火与不易发生山火两种情况，并分别计算验证集的样本发生山火的概率。基于 Relief 的因子重要度排序结果，逐一删减最不重要因子，循环计算山火的发生概率，研究不同影响因子构成对模型评估性能的影响。

4. 模型性能分析和优化

模型的性能采用混淆矩阵（见表 4-5）来度量。对于是否容易发生山火这种二分类问题，利用混淆矩阵可直观地采用相关指标对模型性能进行评价。

表 4-5   混 淆 矩 阵 的 定 义

真实值	评估值	
	易发生火	不易发生火
有火	TP	FN
非火	FP	TN

表 4-5 中，TP（ture positive）指真实火点被正确评估为"易发生山火"的样本数；TN（ture negative）为真实非火点正确被评估为"不易发生山火"的样本数；FP（false positive）为真实非火点被错误评估为"易发生山火"的样本数；FN（false negative）为真实火点被错误评估为"不易发生山火"的样本数。

根据指标的定义可知，在同样的情况下 TP 和 TN 越大越好。因此在混淆矩阵的基础上，引入了准确率（Accuracy，P_a）、召回率（Recall，P_r）和精确率（Precision，P_e）来衡量模型效果。

$$P_a = \frac{TP+TN}{TP+TN+FP+FN} \tag{4-12}$$

$$P_r = \frac{TP}{TP+FN} \tag{4-13}$$

$$P_e = \frac{TP}{TP+FP} \tag{4-14}$$

式中 P_a——准确率；

        P_r——召回率；

        P_e——精确率。

准确率 P_a 反映的是总体评估结果正确的比例；召回率 P_r 又称查全率，反映了被正确评估为"易发生山火"的样本占真实火点的比例；精确率 P_e 反映的是评估为"易发生山火"的样本中真实火点所占比例，所以又被称之为查准率。考虑到召回率和精确率的提升在一定程度上是矛盾的，而不同的场合对召回率和精确率的重视程度不同，因此采用 F 值来平衡模型对召回率和精确率的需求。

$$F = \frac{(1+\beta^2)P_r R_e}{\beta^2 P_r + R_e} \tag{4-15}$$

由于输电走廊发生山火时将会引起线路跳闸停电事故，严重时甚至会导致大范围的停电事故，因此电力系统运维管理人员宁可付出更大的运维成本也要防止线路跳闸。所以在综合衡量"查准"和"查全"的过程中，通过在 F 值中赋予召回率更高的权重，使得评估模型更加倾向于"查全"，以防输电线路因山火跳闸造成严重的停电事故，本处取 $\beta=3$。

根据 Relief 算法的影响因子重要性排序，从 14 个因子逐一删减重要度排序最靠后的影响因子后分别建立朴素贝叶斯山火风险评估模型，得到各模型性能结果如图 4-3 所示。

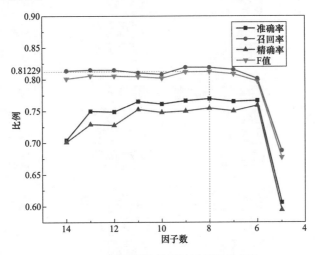

图 4-3 模型评估结果随因子数的变化

随着影响因子数的减少，噪音对模型的影响逐渐降低，模型的精确率不断提高。采用全部 14 个影响因子时，朴素贝叶斯模型的精确率仅为 70.14%。当影响因子删减到 6 个时，精确率达到最大，为 75.93%。而影响因子从 14 个减至 8 个的范围内，召回率基本保持在 81% 附近。F 值随影响因子的减少基本与召回率保持一致。但是当影响因子进一步减少，特别是从 6 个减少至 5 个时，模型各评价指标急剧降低。其中，精确率从 75.93% 降低到 59.64%，召回率从 80.17% 降低到 68.8%，F 值从 79.72% 降低到 67.74%。这意味着从第 6 个影响因子土地利用类型起，各因子带有较多的山火诱发信息。基于 8 个山火影响因子的条件概率分布和网格山火发生概率推算结果如图 4-4 所示。

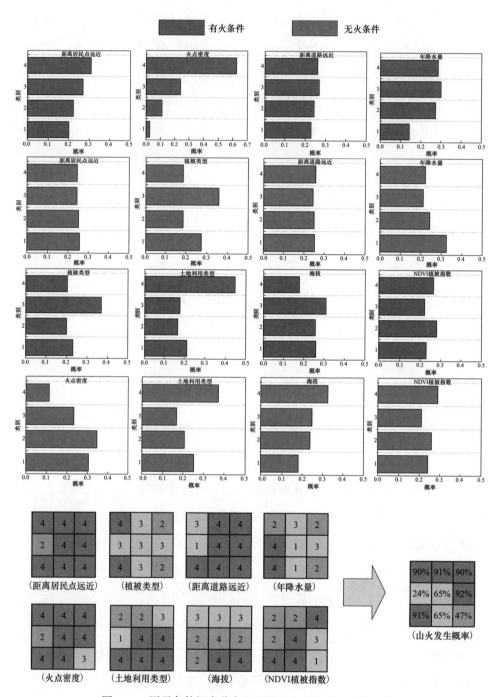

图 4-4　因子条件概率分布和网格山火发生概率求解过程

当只采取前 8 重要的影响因子建模时，模型的 F 值最高，可达 81.23%。测试集上 81.92% 的火点被成功判识，模型的效果良好。贡献度排序前 8 个因子分别为距离居民点远近、植被类型、距离道路远近、年降水量、火点密度、土地利用类型、海拔和 NDVI 植被指数。其中距离居民点远近、距离道路远近和火点密度是人为因子，主要为山火的发生提供火源；植被类型、土地利用类型和 NDVI 植被指数为地表因子，为山火的发生和蔓延提供可燃物基础；海拔属于地表因子，但是它可以间接地反映了人类活动和植被生长的程度。前 8 重要的影响因子中，气象因子只有年降水量较大程度地影响植被生长程度。由此可见，在对气候差别不大的省级电网进行输电走廊风险评估的过程中，主要的影响因素是人为因子和地表因子。

4.1.4　山火风险评估可视化与结果验证

为指导输电线路山火防治工作，根据收集的研究区域 1km×1km 网格化数据，对网格逐一求取山火发生概率，按照等面积原则并对概率进行等级划分，其划分阈值为 0.1363、0.4695 以及 0.8066。然后基于划分结果将对应网格分为低风险（1 级）、中等风险（2 级）、较高风险（3 级）和高风险（4 级）四个等级，利用 ArcGIS 软件对网格山火发生风险进行可视化。

广东省东部与北部、广西壮族自治区中东部、云南省东部与南部和贵州省中南部地区是山火高风险区域，与历史火点密度分布有较高空间一致性。山火的发生和发展受到包括人为、气候、下垫面和地形等诸多要素的影响。作为我国第二大林区的云贵高原和广西壮族自治区，以及粤东粤北地区，植被茂盛，地形地貌复杂多变，人口分布较少，防火设施尚不完善、地表植被管理缺陷。加之当地耕作、祭祀等野外用火行为等诸多要素共同作用，容易爆发山火灾害。因此，可基于分布图具体线路区段风险等级提出具有针对性的山火防护措施配置策略，如在未来扩建电网的时候，架空输电线路应尽可能避开这些山火高发生区域，或者改用地下电缆进行电能传输等。

利用 2021 年 1 月 1 日至 2021 年 10 月 30 日新发生的 1182 个火点对模型进行验证。根据火点坐标所在位置的山火风险等级划分对其进行统计，结果见表 4-6。

表 4-6	火点所在位置风险评估结果			
等级	低风险	中等风险	高风险	极高风险
火点数	59	118	367	638
分布频率（%）	4.99	9.98	31.05	53.98

绝大部分火点都位于评估结果中的高风险和极高风险区域，比例高达总新发生火点的 85.03%。经可视化后的山火风险分布图适用性良好，可供运维和调度部门合理制定山火救援策略，开展差异化的山火防止工作。

4.1.5 本节结论

收集和分析了对山火发生产生影响的人为、地表环境和气象三大类共 14 个影响因子数据，并评估其对山火风险影响贡献程度。基于朴素贝叶斯网络构建最优输电走廊山火风险评估模型并绘制了研究区域的山火风险分布图，85.03% 的新增火点落在高风险和极高风险区域，可为山火运维部门开展差异化山火防治工作提供依据。

4.2 融合多源时空地理信息的输电通道特征智能识别

4.2.1 输电线路廊道激光雷达点云处理

LiDAR 点云数据为数据源。在经过点云降噪与抽稀后，通过滤波算法处理得到地面点数据。然后将地面点数据栅格化，得到 DEM。最后基于 DEM 计算坡度坡向图。整体技术路线如图 4-5 所示。

1. 滤波预处理

（1）点云降噪。采用统计分析技术，从点云数据中集中移除测量噪声点。即对每个点的邻域进行统计分析，剔除不符合指定标准的邻域点。具体步骤为：

1）对于每个点，计算其到所有相邻点的平均距离。假设得到的分布是高斯分布，可计算出其均值和标准差；

2）当邻域点集中的点与其邻域距离大于均值超过 3 倍标准差时，则该点可被视为离群点，并可从点云数据中去除。

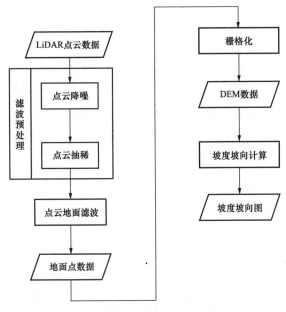

图 4-5　激光雷达点云处理的技术路线

（2）点云抽稀。当点云数据量过大时，载入全部数据进行显示和计算将带来计算效率低等问题。因此对输入点云数据进行等间隔采样，得到抽稀后的点云数据供下一步处理。

2. 改进渐进加密三角网滤波算法

（1）点云构网。采用鲍耶-沃森（Bowyer-Watson）算法对待处理点云构建 Delaunay 三角网，其具体步骤如下：

1）构造一个超级三角形，包含所有散点，放入三角形链表。

2）将离散点云中的散点依次插入，在三角形链表中找出外接圆包含插入点的三角形，称为该点的影响三角形。删除影响三角形的公共边，将插入点同影响三角形的全部顶点连接起来，完成一个点在 Delaunay 三角形链表中的插入。

3）根据优化准则对局部新形成的三角形优化。将形成的三角形放入 Delaunay 三角形链表。

4）循环执行上述第 2）步，直到所有散点插入完毕。

（2）点云滤波。采用经典提出的经典渐进加密三角网（adaptive tin，ATIN）算法对初始点云进行滤波处理：

1）选择局部最低点作为种子点。通过将点云数据的范围按平面坐标划分为相同大小的窗口，然后在每个窗口中选择高程最低的点完成种子点的选取。由于需要考虑建筑物的存在，保证每个窗口中至少有一个地面点，因此窗口大小一般会依据处理区域中最大建筑物的大小而定。

2）基于种子点构建三角网形成一个初始地形表面。标记所有种子点为地面点，并对其构建狄洛尼三角网，该三角网可看作一个粗略的地形表面。构建三角网的方法包括分割归并法、逐点插入法以及三角网增长法等。

3）寻找新的地面点逐渐对三角网进行加密。遍历所有的非地面点，寻找满足阈值条件的点标记为新的地面点，并将其加密至当前三角网，迭代遍历，直到所有满足要求的点均被添加。判断点是否为地面点（见图 4-6），若该点至三角形的垂足位于三角形内部，则计算点到 TIN 中三角形的垂距 d。同时连接点与三角形的三个顶点构成边，计算该三条边与三角形所在平面的夹角 α、β 和 γ。该距离和角度需共同满足：

$$\begin{cases} d < d_{max} \\ \max\{\alpha, \beta, \gamma\} < \theta \end{cases} \tag{4-16}$$

式中　d_{max}——允许的最大距离；

　　　θ——允许的最大夹角。

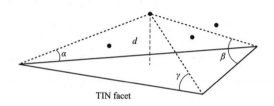

图 4-6　判断点是否为地面点的方法

综合以上步骤，该算法的滤波流程如图 4-7 所示。

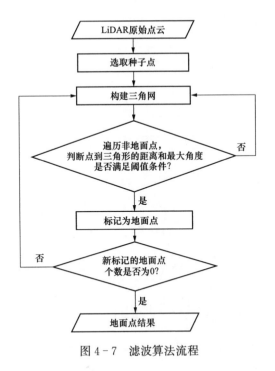

图 4-7　滤波算法流程

考虑到高密度点云数据的三角网加密的效率问题，在经典渐进加密三角网的基础上，对点云进行加密处理，如图 4-8 所示。

1）首先将种子点全部标记为地面点；

2）然后基于地面点构建三角网；

3）接着遍历所有非地面点，计算点及其对应三角形的距离和角度，如果满足阈值条件，则该点被标记为地面点。遍历所有非地面点后，记录当前地面点总数 N_{Ground}^i，其中 i 表示迭代次数；

4）创建单元大小为 m 的格网，遍历所有的格网单元。如果其中有地面点，则仅保留最低的地面点，将其他所有地面点重新分类为非地面点，并做上标记，在步骤 3 的遍历中跳过这些点；

5）重复执行步骤 2）～4）。步骤 3）中增加的点数占所有点的比例为

$$p = \frac{N_{\text{Ground}}^i - N_{\text{Ground}}^{i-1}}{N_{\text{total}}} \tag{4-17}$$

式中 N_{total}——点云数据的总数。

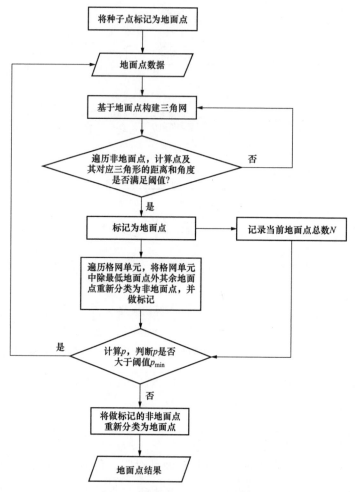

图 4-8 高密度点云加密策略流程

当 p 小于阈值 0.001 时，则结束循环。

6）将做过标记的非地面点重新分类为地面点，得到最终的地面点结果。

在这种加密策略中，只有格网单元中的最低点在加密过程中用于构建 TIN。因此可以控制构网点的个数，节省内存的开销，降低算法运行时间。

3. 试验结果及分析

（1）试验数据。数据区域面积约 300000m²，平均每平方米约 200 个点。抽稀至25%后，平均每平方米约50个点，足以确保滤波结果的有效性。抽稀后的点云可视化结果如图4-9所示。

（2）结果与分析。

1）地面点滤波。利用改进的渐近加密三角网滤波算法实现了地面点提取，结果如图4-10所示。

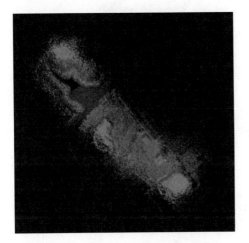

图4-9　原始点云数据可视化显示

图4-10　滤波后地面点显示

构网显示观察地面点提取结果，如图4-11所示。可观察到数据区域边缘地形特征不明显，是因为边缘处原始点云采集极为稀疏，与算法处理能力无关。

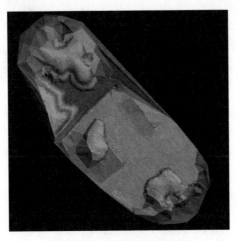

图4-11　地面点构网显示

2）DEM 栅格化。对提取到的地面点进行构网和内插，生成 DEM，并与 ArcGIS 处理结果进行比较。图 4-12 所示为项目生成 DEM 数据与 ArcGIS 生成 DEM 数据。

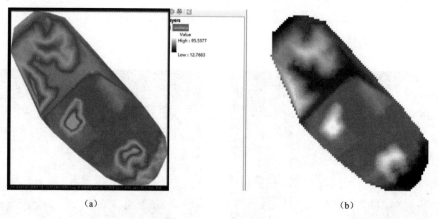

（a）   （b）

图 4-12   DEM 数据

（a）项目生成 DEM 数据；（b）ArcGIS 生成 DEM 数据

3）坡向图。利用 DEM 数据计算坡向图，并与 QGIS 处理结果进行比较。图 4-13 所示为项目生成坡向图数据与 QGIS 生成坡向图数据。可以观察到，处理结果相似。

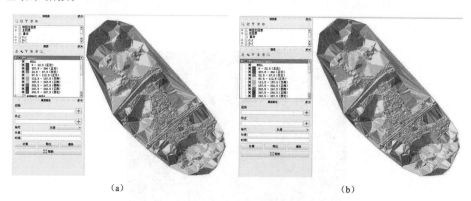

（a）   （b）

图 4-13   坡向图数据

（a）项目生成坡向图数据；（b）QGIS 生成坡向图数据

4）坡度图。利用 DEM 数据计算坡度图，同样与 QGIS 处理结果进行比较。图 4-14 所示为项目生成坡度图数据与 QGIS 生成坡度图数据结果相似。

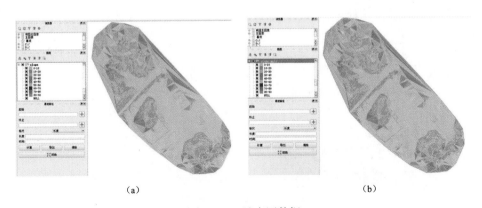

(a)　　　　　　　　　　　　　　　(b)

图 4-14　坡度图数据

(a) 项目生成坡向图数据；(b) QGIS 生成坡向图数据

4.2.2　输电线路廊道激光雷达点云与多光谱影像配准

基于最小化表面距离的影像/点云几何配准技术拟采用 LiDAR 点云作为几何控制信息，实现影像的高精度定向。首先，使用成熟的 POS 辅助空中三角测量软件 Context Capture 对影像和初始 POS 数据进行空三匹配，在完成空三匹配后获得处理后 POS'数据，再将由 LiDAR 经过一系列预处理获得的 DSM 与 POS'数据进行配准，获得配准后的 POS 数据即 POS"，初始影像基于 POS"获得数字正射影像（digital orthophoto map，DOM）。具体实施流程如图 4-15 所示。

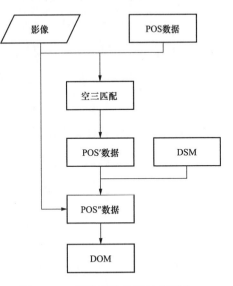

图 4-15　激光雷达点云与多光谱
影像配准技术路线

1. 影像与点云几何配准技术原理

影像到三维点云的几何配准指的是通过对各张影像的内外参数进行调整以实现所有影像的像间直角坐标系到三维点云的传感器坐标系的转换过程。以机载激光扫描点云为例，机载航空影像与三维点云之间的几何关系如图 4-16 所示。

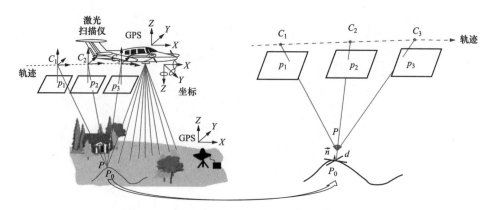

图 4-16　机载航空影像与三维点云的基本几何关系

　　摄影测量最基本的几何关系是物方点、像点与摄影中心的三点共线。在已知内外参数的条件下利用摄影测量前方交会原理就可以解算物方点的三维坐标，即影像同名点确定的同名光束交会于物方点 P。机载平台在飞行过程中利用导航系统（GPS/INS）数据以及激光测距数据不断地进行地表三维点的采集。三维点云可以认为是真实三维场景的离散采样，每一个三维点都是现实场景中某点三维坐标的观测值，因而密集的激光点云是对真实三维场景的逼近。

　　影像到三维点云几何配准的最小优化模型如图 4-17 所示，摄像机所采集的数字影像通常按照中心投影方式将真实的三维场景转换为二维影像，并且不同影像间的同名像点所对应的同名光线会交会于三维场景空间内相应的物点。假设一束同名光线交会得到三维点 $P(X，Y，Z)$，虽然交会点 P 在三维点云表面的同名点未知，但是因为点 P 应该位于激光点云表面上，所以距离 d 理应为零。然而由于各种误差的存在，实际计算得到的距离 d 只能接近零而不可能正好为零。

　　假设现实场景表面是光滑的表面并且三维点云中到点 P 距离最近的点是 $P_0(X_0，Y_0，Z_0)$，因而三维点云表面在点 P_0 附近可以用其切平面来逼近。因此可总结出几何配准基本原理为影像和三维点云之间必须在几何上满足如下两方面的基本关系：

　　（1）最近点原则：影像同名光束交会得到的三维点 P 必须尽可能地接近三维点云对真实场景的逼近表面，即 P 到三维点云表面的距离要尽可能接近零：

$$\tilde{d}=\vec{n}(P-P_0)\to 0 \tag{4-18}$$

（2）摄影测量交会原理：不同影像之间的同名光线要尽可能地交会于同一个三维点 P，其参数化形式为摄影测量共线方程：

$$\begin{cases} x-x_0-\Delta x=-f\dfrac{a_1(X-X_s)+b_1(Y-Y_s)+c_1(Z-Z_s)}{a_3(X-X_s)+b_3(Y-Y_s)+c_3(Z-Z_s)} \\[2mm] y-y_0-\Delta y=-f\dfrac{a_2(X-X_s)+b_2(Y-Y_s)+c_2(Z-Z_s)}{a_3(X-X_s)+b_3(Y-Y_s)+c_3(Z-Z_s)} \end{cases} \tag{4-19}$$

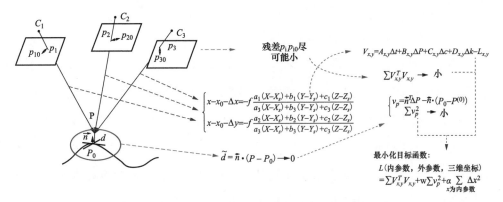

图 4-17　影像到三维点云几何配准的最小优化模型

2. 影像与点云几何配准数学模型

要实现影像到三维点云几何配准，则必须通过调整每张影像的内方位元素、外方位元素以及影像同名光线交会点三维坐标，使得像点残差以及交会点到三维点云表面的距离都达到最小值。这是一个典型的多目标最小优化问题。参考摄影测量常用的多类型观测值平差处理的策略，首先考虑带权影像内参数虚拟观测值并采用加权组合的方式构造相应的目标函数，然后再利用最小二乘法实现近景影像到三维点云的几何配准。构造的目标函数如下：

$$L(\Delta t,\Delta P,\Delta c,\Delta k)=\sum V_{x,y}^T V_{x,y}+w\sum v_p^2+\sum \alpha\Delta x^2 \tag{4-20}$$

式中　Δt——影像外参数；

ΔP——交会点三维坐标；

Δc——线性内参数（主点坐标和主距）；

Δk——镜头畸变参数向量；

$V_{x,y}$——像点残差；

v_p——点到激光点云表面的距离残差；

Δx——内参数改正数；

w、α——事先给定的目标函数相应各项所加的权。

为了求解目标函数的最小值，将目标函数各项残差汇总并利用最小二乘法写成矩阵形式的误差方程。根据间接平差原理，目标函数的最小化可通过求解法方程实现。

3. 影像与点云几何配准粗差消除

由于植被以及建筑等地物的影响，三维点云表面容易产生局部表面的不连续，导致最近点原则所需要的三维点云表面光滑假设并不能够完全成立。因此在进行影像到三维点云的几何配准前，首先需要剔除这些不能够满足局部连续性假设的点。

通过设置数据有效率 ε 来消除影像匹配导致的粗差，具体的方法是：完成摄影测量交会点到三维点云表面距离的计算后，按照该距离的绝对值从小到大进行排序，并将距离较大的（1−ε％）认为是粗差，将相应的点的距离观测方程作为粗差进行剔除，只用相应的像点观测方程以及剩余数据集进行数学模型的构建与解算。图 4-18 为局部不连续粗差剔除示例。

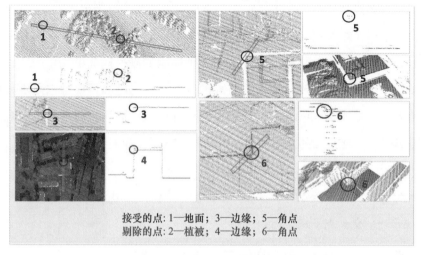

接受的点：1—地面；3—边缘；5—角点
剔除的点：2—植被；4—边缘；6—角点

图 4-18 局部不连续粗差剔除示例

4. 影像与点云几何配准方法的实现

影像与点云几何配准的具体方案如图 4-19 所示，可以分为预处理和迭代计算两部分。其中预处理主要包括空三匹配、自由网平差和选取粗同名点等步骤，而迭代配准则包括初始参数估计、迭代平差和精度评定等步骤。

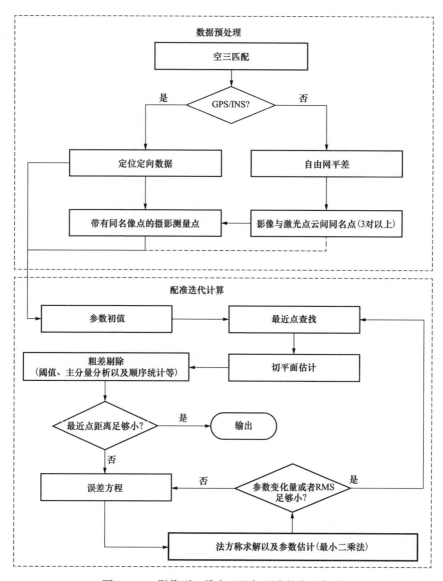

图 4-19　影像到三维点云几何配准的实现方法

空三匹配采用现有特征提取与匹配方法（哈里斯 Harris 或者 SIFT 特征匹配）实现。对于没有导航定位信息的影像，选用 DPGrid 摄影测量处理系统或者 SFM 自由网光束法平差方法来实现并利用 3 对或者 3 对以上的粗同名点利用相似变换进行配准参数初值的估计；而对于具备导航定位信息的影像，则直接采用前方交会方法对影像匹配点进行前方交会而形成配准参数初值。

完成初值估计后，按照图中所述的方法自动进行迭代平差计算以实现机载航空影像到三维点云的精密几何配准：

（1）最近点查找。对摄影测量交会点，利用多维二叉树在三维点云中查找其最邻近点，并利用该点周围的三维点通过主分量分析法进行该点法向量的估计。同时在此基础上计算摄影测量交会点沿着法向量到局部切平面的有向距离，统计该距离的最小均方根（root mean square，RMS）误差。

（2）粗差剔除。利用上述的粗差剔除法排除距离观测误差。

（3）误差方程构建及求解。首先逐点法化并利用分块消元法得到改化法方程，然后再通过改化法方程求解而得到影像内外方位元素的改正数，并用回代法进一步计算得到结构参数的改正数。最后利用求解得到的改正数对内外参数和结构参数进行修正并计算平差单位权中误差。

（4）检查单位权中误差以及各项改正数的大小。如果单位权中误差足够小，或者单位权中误差的变化量不大，或者各项改正数均足够小则转入第 1）步，否则影像到三维点云几何配准完成。

5. 试验结果及分析

为验证点云/影像几何配准方法的性能，利用激光扫描仪和多光谱相机采集了一组数据，用于影像到三维点云几何配准的试验分析。试验影像数据采集选用的是 MS600 多光谱相机，焦距约为 5.26mm，测区内共包含 89 幅影像，影像大小为 1280×960 像素，感应器尺寸大小为 4.8mm。图 4 - 20 为试验影像分布示意图，

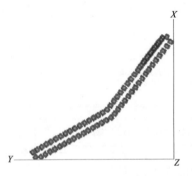

图 4 - 20　实验区影像分布

每一个长方形代表一张影像：

同时获得影像组中每张影像的位置信息。数据区域面积约 300000m^2，平均每平方米约 200 个点。抽稀至 25％后，平均每平方米约 50 个点。抽稀后的点云可视化结果如图 4–21 所示。

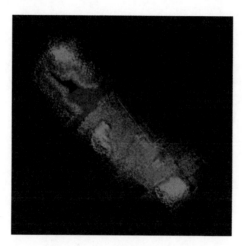

图 4–21　点云可视化显示

首先使用空中三角测量软件 ContextCapture 对影像进行空三匹配，并将匹配后结果导出至 .xml 文件中。图 4–22 为 ContextCapture 完成空三匹配的 3D 视图界面。

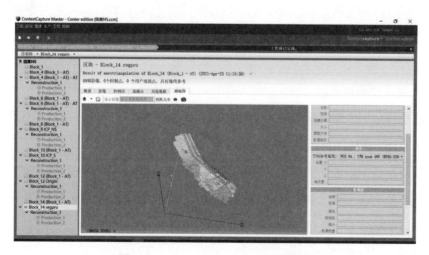

图 4–22　ContextCapture3D 视图界面

在获得导出的.xml文件后，启动激光点云与影像配准程序，对影像和点云进行配准。程序执行完成后，获得配准结果，并将该配准结果转换为Context-Capture所适用的.xml文件，基于此.xml文件再对影像进行空三配准等一系列操作，生成数字正射影像DOM，如图4-23所示。

图4-23　几何配准后的试验区DOM

利用影像到三维点云几何配准方法完成几何配准处理之后，采用点云叠加显示方式检测几何配准效果：在完成几何配准后，将三维点云投影至影像上，然后通过观察激光点云与影像中轮廓和目标边缘线特征是否套合而直观地对配准效果进行验证。图4-24为生成的DOM与点云套合情况。

在经过影像与点云几何配准处理后，影像到三维点云数据几何配准效果直观上有显著提高，套合情况好，精度较高。

4.2.3　基于激光雷达点云的坡度坡向计算

1. 坡度坡向图计算

坡度表示地表单元陡缓的程度，采用度数法来表示。计算坡面的垂直高度h和水平距离l的比，然后利用反三角函数，计算可得坡度α。

坡向是指地形坡面的朝向，用于识别出从每个像元到其相邻像元方向上值的变化率最大的下坡方向。坡向将按照顺时针方向进行测量，角度范围介于0°（正东）到360°（仍是正东）之间，即完整的圆，如图4-25所示。不具有下坡方向的平坦区域赋值为-1。

(a)   (b)

图 4-24 几何配准前后套合结果示例

（a）几何配准前套合效果；（b）几何配准后套合效果

坡度坡向计算一般采用拟合曲面法。拟合曲面一般采用二次曲面，即 3×3 的窗口，如图 4-26 所示。

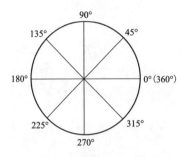

图 4-25　坡向表示方法

图 4-26　坡度坡向计算窗口

每个窗口的中心为一个高程点。中心点 e 的坡度和坡向的计算公式如下：

$$S=\tan\sqrt{S_{we}^2+S_{sn}^2} \tag{4-21}$$

$$A=\frac{s_{we}}{s_{sn}} \tag{4-22}$$

式中　S——坡度，°；

　　　A——坡向，°；

　　　s_{we}——表示 X 方向的坡度，°；

　　　s_{sn}——表示 Y 方向的坡度，°。

$$s_{we}=\frac{(e_1+2e_4+e_6)-(e_3+2e_5+e_8)}{8\times C_s} \tag{4-23}$$

$$s_{sn}=\frac{(e_1+2e_2+e_3)-(e_6+2e_7+e_8)}{8\times C_s} \tag{4-24}$$

式中　C_s——DEM 格网的间隔长度，m。

2. 试验结果及分析

数据区域面积约 $300000\mathrm{m}^2$，平均每平方米约 200 个点。抽稀至 25% 后，平均每平方米约 50 个点。利用改进的渐近加密三角网滤波算法实现了地面点提取，并对地面点重新构网，生成 DEM 栅格数据，如图 4-27 所示。

（1）坡向图。利用 DEM 数据计算坡向图，并与 QGIS 处理结果进行比较。

图 4-28 所示为项目生成坡向图数据与 QGIS 生成坡向图数据，两者结果相似。

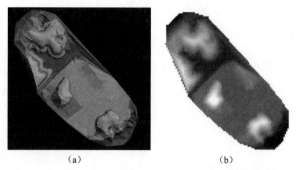

（a）　　　　　　　　　　（b）

图 4-27　地面点构网显示和 DEM 栅格数据

（a）地面点构网显示；（b）DEM 栅格数据

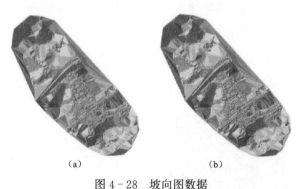

（a）　　　　　　　　　　（b）

图 4-28　坡向图数据

（a）项目生成坡向图数据；（b）QGIS 生成坡向图数据

（2）坡度图。利用 DEM 数据计算坡度图，同样与 QGIS 处理结果进行比较。如图 4-28 所示为项目生成坡度图数据［见图 4-29（a）］与 QGIS 生成坡度图数据［见图 4-29（b）］，结果相似。

4.2.4　基于激光雷达点云的电力线提取与自动测距技术研究

基于无人机机载雷达所获

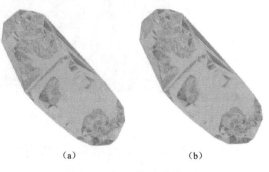

（a）　　　　　　　　　（b）

图 4-29　坡度图数据

（a）项目生成坡向图数据；（b）QGIS 生成坡向图数据

取的电力线三维点云信息，实现电力线特征检
测、三维重建和相关量测。整体具体路线如图
4-30 所示。

1. 输电线路走廊点云截取

输电线路走廊点云截取，就是根据电力线路
按照一定的宽度截取点云数据，以减少计算量，
提高计算效率。

（1）杆塔线路坐标转换。初始电力路线文件
为 kml，其坐标系为大地坐标系。由于 LIDAR
点云是投影坐标系，因此需要将 kml 文件中的
kml 坐标转换成 UTM 投影坐标，才能与 LIDAR
点云重叠在一起。利用相关坐标转换软件实现
kml 坐标转换，转换后效果如图 4-31 所示。

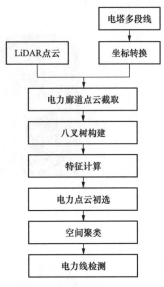

图 4-30　电力线提取技术路线

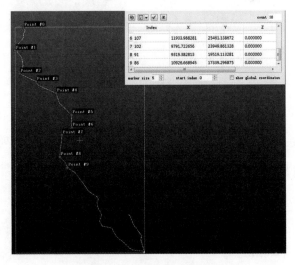

图 4-31　投影后的路线

（2）输电线路走廊点云截取。以电力巡线中的每两个相邻点构建一个矩形，
按照空间位置关系计算矩形内的点云，即可截取廊道点云，如图 4-32 所示，红
色多段线即为廊道线路多段线，绿色和蓝色方框即为相邻多段线端点构建的矩

形，红色多段线两侧的黑色直线段即为输电线路走廊宽度。可以看出，直接利用多段线端点构建矩形，在多段线转点区域容易形成数据空洞（图 4 - 32 中 a，b，c，d，e 区域）。为了避免这种情况的发生，特在端点矩形的基础上扩大矩形的宽度，即在矩形左下角点、右上角点上直接减去和加上廊道宽度，也就是扩大各段矩形的大小。这样虽然加大了各线段所对应的廊道点云数据，但是后续可以依据点到廊道多段线距离进行约束，从而确定最终廊道电力点云数据。

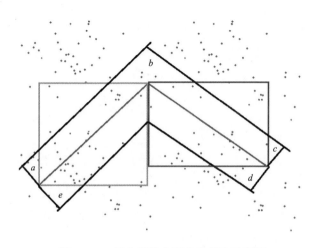

图 4 - 32　输电线路走廊点云截取示意图

2. 力线三维重建

（1）几何特征计算方法。

1）找到点 x_i 周围半径 R 范围内的所有点 X，计算均值。

$$E(X) = \bar{x} = \frac{1}{n} \sum_{i=1}^{N} x_i \qquad (4-25)$$

2）计算样本协方差。

$$Cov(X, X) = E\{[X - E(X)]^T [X - E(X)]\} = \frac{1}{n-1} \sum_{i=1}^{n} (x_i - \bar{x})^T (x_i - \bar{x})$$

$$(4-26)$$

3）特征分解。

$$V \begin{pmatrix} \lambda_1 & & \\ & \lambda_2 & \\ & & \lambda_3 \end{pmatrix} V^{\mathrm{T}} \tag{4-27}$$

$$\lambda_1 \geqslant \lambda_2 \geqslant \lambda_3 \geqslant 0 \tag{4-28}$$

（2）电力线点云初选。计算得到的 λ_2 赋给各点作为尺度特征值，并将其从尺度特征映射到 RGB 彩色空间中），根据尺度直方图和点云渲染后的效果图，初选电力线点云数据集。

（3）点云空间聚类。获得的初始电力线点云，空间分布上具有明显的聚类特征，即各电力线点云数据明显聚集于不同的空间范围中。因此可利用空间聚类的相关方法实现点云数据聚类，方便电力线特征的检测。本章使用基于八叉树的空间点集聚类法，即对初始电力线点云数据构建八叉树，对于空间范围相邻的结点进行聚类判断，并归属不同的集合。

（4）点云分段直线检测。经过空间聚类后，获得各聚类结点数据，并对各聚类结点的数据进行重建。对聚类结点的数据进行分段直线检测，也就是认为电力线在一个廊道内部整体呈现抛物线状，但是在局部呈直线状。因此在对电力线点云沿输电线路走廊方向进行分段截取，在各分段数据集内进行直线特征检测。

利用 RANSAC 方法进行直线特征检测，检测中的具体参数和模型如下。

直线方程： $$\frac{x-x_0}{A} = \frac{y-y_0}{B} = \frac{z-z_0}{C} \tag{4-29}$$

模型构建：任意两个空间三维点。

打分： $$d = \frac{\left| \overrightarrow{M_0 M_1} \times \overrightarrow{s} \right|}{\left| \overrightarrow{s} \right|} \tag{4-30}$$

迭代： $$T \geqslant \frac{\ln(1-P_t)}{\ln[1-P(n)]} \tag{4-31}$$

（5）电力多段线生成。对所生成的各分段直线特征，进行顺序连接，即可生成三维电力线多段线。首先根据空间范围，判断各直线段所属的输电线路走廊线，并分别对各端点计算相对于廊道起点的矢量长度。对各直线段按矢量长度进行排序后，对相邻直线的进行链接，生成电力多段线。

3．自动测距计算

对生成的电力线和得到的植被分类点云进行自动测距计算。具体方法如下：

（1）对电力线按距离生成不同的电力线结点。

（2）在电力线结点的处垂直于电力线的铅锤面上，计算临近植被在该面上的投影。

（3）计算电力线结点到植被投影的距离，实现自动测距。

4．试验结果及分析

利用电力线多段线和电力点云数据，按照本文的方法对电力点云进行廊道截取，如图 4-33 所示。

图 4-33　输电线路走廊点云截取

图 4-33 中蓝色线段为输电线路走廊多段线，红色线段为廊道多段线按照设定的宽度左右偏移后的结果，右图为截取后的廊道点云数据。为了方便点云特征计算，对截取出来的输电线路走廊点云数据进行八叉树构建，如图 4-34 所示。

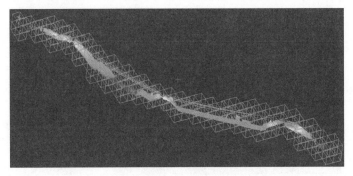

图 4-34　八叉树构建

计算各点的几何特征值，并以此为尺度值，进行 RGB 空间颜色映射，渲染效果如图 4 - 35 所示。

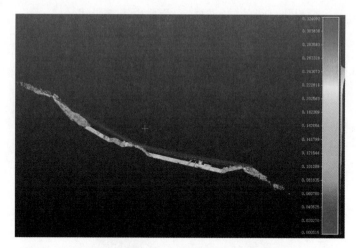

图 4 - 35　尺度特征的 RGB 映射效果图

　　为了初选电力线点云，特对几何特征值进行统计，其直方图如图 4 - 36 所示。

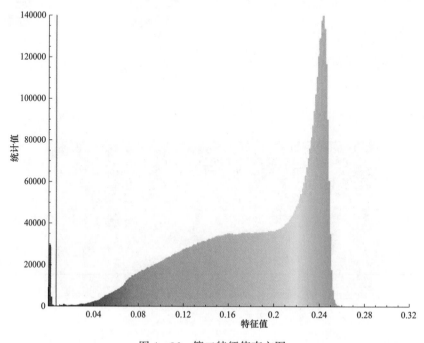

图 4 - 36　第二特征值直方图

可以看出，电力线数据和其他点云信息具有显著的尺度特征的差异，可据此直方图选择阈值对点云数据过滤，获得初选电力线点云数据如图 4-37 所示。

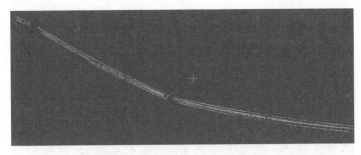

图 4-37 电力线点云初选效果

然后对电力线点云初选数据进行空间聚类，聚类效果如图 4-38 所示。

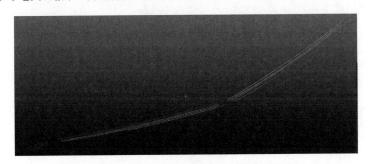

图 4-38 空间聚类后的点云

在各聚类结点的基础上，对点云按距离进行分段，然后采用 rancac 方法（random sample consensus，中文名为"随机抽样一致算法"）进行三维直线特征分段检测，检测效果如图 4-39 所示。

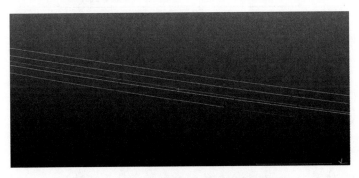

图 4-39 分段 rancac 三维直线特征提取

最后对所生成的各分段直线特征进行顺序连接，生成三维电力线多段线，如图 4 – 40 所示。

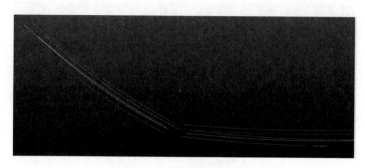

图 4 – 40　重建的电力线

4.2.5　基于无人机影像的树种识别与分类

基于无人机多光谱影像，分别使用面向对象的分类方法和基于像素的分类方法进行树种识别，技术路线如图 4 – 41 所示。

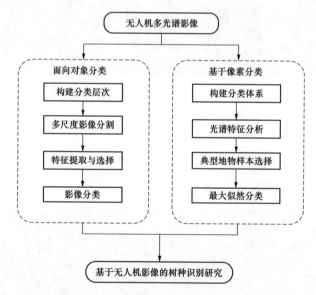

图 4 – 41　基于无人机影像的树种识别与分类技术路线

1. 面向对象的分类方法

（1）分类体系构建。试验中先将研究区地类分为植被和非植被。在此基础上，将植被分为草地、竹子和其他林地三类，对非植被部分不加以区分。面向对象的分类体系见表 4-7。

表 4-7　　　　　　　　　　　面向对象的分类体系

类别	影像特征	特征描述
草地		在影像中显示为鲜绿色，色调均匀，内部纹理有颗粒感
竹子		在研究区分布较广，树冠较小且方向杂乱
其他林地		在影像中显示为深绿色，树冠形状比较规则，内部纹理较为粗糙

（2）多尺度分割。影像分割是把一幅图像分为若干个有意义的子区域，使得同一子区域内部的特征或属性相同。但相邻子区域间的特征不相同，影像分割是面向对象影像分析的第一步。常见的分割方法有棋盘分割、四叉树分割和多尺度分割等分割方法。其中，多尺度分割能较好地保持地物地形状特征，故采用多尺度分割方法对影像进行分割。

多尺度影像分割从任意一个像元开始，采用自上而下的区域合并方法，先将单个像元合并为较小的影像对象，小的对象可以经过若干步骤合成较大的对象。影像多尺度分割的网络层次结构如图 4-42 所示。

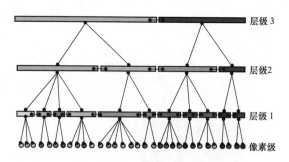

层级 3

层级2

层级 1

像素级

图 4-42　影像多尺度分割的网络层次结构

多尺度影像分割不仅需要考虑影像的光谱、形状特征，还需设定各个波段的权重，即设定分割尺度、各个波段的权重值、形状因子权重和紧致度因子权重，即设定分割尺度、各个波段的权重值、形状因子权重和紧致度因子权重。

分割尺度直接决定了影像对象的大小和数量。确定某种地物的最佳分割尺度关键在两点。第一，分割后该地物的边界显示得十分清楚，不能和其他地物有重合。第二，这种地物由一个或几个对象组成，即影像对象不能太笼统。设置较大的分割尺度，就意味着较多的像元被合并，由此生成较大面积的对象；设置较小的分割尺度，则容易造成过度分割。通过设置不同的分割尺度发现，分割尺度为 100 时，地物太过破碎；分割尺度为 150 时，基本能保留竹子的轮廓，但对于一些树冠较大、颜色偏深的林木，则分割得较为破碎；分割尺度为 200 时，对于一些树冠较大的树种，虽分割出不止一个对象，但基本能保留纹理等信息。分割尺度为 250 时，则开始混分。不同分割尺度的分割效果如图 4-43 所示。

因此可以使用 200 的尺度来对影像进行第一层分割，区分植被与非植被，再在第一层分割的基础上，使用 150 的尺度对植被部分进行第二次分割，来减少分割出的对象，提高树种识别效率。

影像各波段权重的比例对分割结果影像很大，波段的权重越高，其在分割过程中使用到此波段的信息越多。提取特定的对象时，如该对象对某波段的信息比较敏感，则应该把这个波段的权重设得较大。而如果某波段在提取特定目

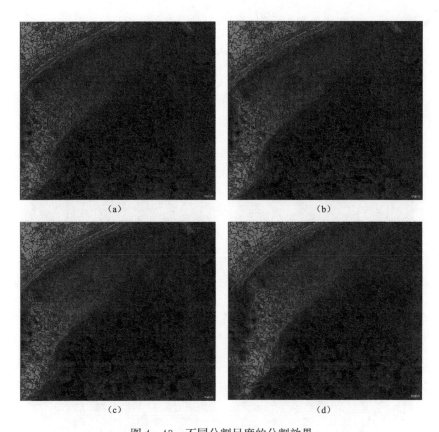

图 4-43　不同分割尺度的分割效果

(a) 分割尺度：100；(b) 分割尺度：150；(c) 分割尺度：200；(d) 分割尺度：250

标时作用甚微，则可把该波段的权重设小甚至可以为 0，这样还可以提高分割的质量和速度。

将分割尺度固定为 200，形状和紧致度因子固定为 0.3 和 0.5，改变蓝、绿、红、近红外、红边 1、红边 2 六个波段的权重比例。从多次分割结果来看，植被在近红外和红边 2 两个波段所含信息较多。但是当增加近红外和红边波段权重时，分割出的对象增加，地物被分割得更加破碎。而原本 1∶1∶1∶1∶0∶1 的权重比例已经能得出不错的分割结果，因此保留 1∶1∶1∶1∶0∶1 的权重比例。

除了原始的 6 个波段，试验中发现引入 DSM 来辅助分类，可以减小地物分割的破碎程度，因此在分割中使用 DSM，权重值设置为 1。

不同波段权重的分割效果如图 4 - 44 所示。

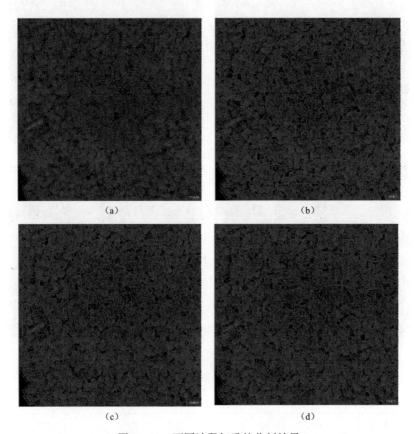

图 4 - 44　不同波段权重的分割效果

(a) 1∶1∶1∶1∶1∶1；(b) 1∶1∶1∶1∶0∶1；

(c) 1∶1∶1∶2∶0∶2；(d) 1∶1∶1∶3∶0∶2

异质性参数包括光谱因子和形状因子，两者权重和为 1。通常光谱因子在对象生成过程中至关重要，形状因子主要影响对象的几何特征，起到辅助分割作用，可以避免分割对象太破碎，或者椒盐现象的产生。形状因子由平滑度和紧致度因子组成。一般紧致度因子越大，对象边界越紧凑；相反，紧致度因子越小，则平滑度因子越大，得到的分割边界越光滑。在影像多尺度分割时要遵守以下准则：

（1）把光谱因子的权重设置得尽可能大。

（2）对边界比较粗糙但聚集程度较大的影像对象应用必需的形状因子。

研究发现当增大形状因子权重的时候，地物分割的破碎程度逐渐降低，分割出的对象越来越接近地物的真实轮廓。但是随着形状因子权重的增大，光谱因子比例在不断减小，而不同类别的地物的区分主要需要依靠光谱信息。因此需要确定形状因子权重的临界值，使得分割对象尽可能完整地保留地物轮廓，又不会将不同类别的地物分割在一起。

进行第一层分割的时候，目的是区分植被与非植被，主要依靠光谱信息。当形状因子达到 0.5 的时候，有树木和裸地分割在了一起，因此将第一层分割形状因子比例设置为 0.4。当紧致度因子权重为 0.5 时，对象边界相对比较平滑，道路分割也比较接近真实轮廓。同时，在植被与非植被边缘，较好地保留了植被的轮廓，因此将第一层分割紧致度因子权重设置为 0.5。

第二层分割目的是区分植被内部不同树种，可以适当增加形状因子的权重。随着形状因子权重的增加，一些相邻的对象合并，地物分割的破碎程度减小。但是当形状因子权重达到 0.8 时，出现竹子和其他植被混分的现象。因此，取 0.7 为第二层分割的形状因子权重值，紧致度因子权重低于 0.5 或者高于 0.6 的时候，均出现了竹子和其他地物分割在一起的现象。为了使对象更加紧凑，选择 0.6 作为第二层分割紧致度因子的权重。

根据以上试验，设置分割方案见表 4-8，不同形状、紧致度因子权重下的分割效果如图 4-45 所示。

表 4-8　　　　　分 割 参 数 设 置

层级	分割尺度	波段组成及权重	形状因子	紧致度因子
等级 1	200	蓝：绿：红：近红外：红边 1：红边 2：数字高程 =1：1：1：1：0：1：1	0.4	0.5
等级 2	150		0.7	0.6

（3）分类特征提取与选择。在影像分类时，光谱特征是主要的分类特征。但加入几何特征、纹理特征等辅助分类，一般能有效提高分类精度，减少"同物异谱"和"同谱异物"现象。本次提取的特征包括光谱特征、植被指数、纹理特征和 DSM 均值。对象特征与描述见表 4-9。

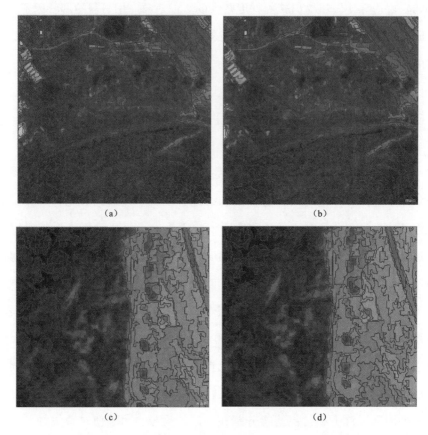

图 4-45 不同形状、紧致度因子权重下的分割效果

(a) 形状为 0.2，紧致度为 0.5；(b) 形状为 0.4，紧致度为 0.5；

(c) 形状为 0.4，紧致度为 0.3；(d) 形状为 0.4，紧致度为 0.9

表 4-9   对象特征与描述

特征类别	特征	描 述
光谱特征	均值：Mean	由构成一个对象的所有像素的值计算得到的平均值
	标准差：StdDev	由构成一个对象的所有像素计算得到的标准差
	亮度：Brightness	构成对象的所有波段均值之和除以波段数量，即对象光谱平均值的平均值
	最大差异：Max. diff	—
植被指数	归一化植被指数：NDVI	$(NIR-R)/(NIR+R)$

续表

特征类别	特征	描　　述
纹理特征	一致性：GLCMHomogeneity	同质性，同质性是影像纹理相似性的度量
	对比性：GLCM Contrast	对比度，度量影像局部变化的程度，当影像局部范围内的变化很大时，对比度值也大
	差异性：GLCM Dissimilarity	不相似性，与对比度类似
	熵：GLCM Entropy	熵，度量影像中纹理特征是否杂乱的一种指标
	标准偏差：GLCM Standard Deviation	方差，随灰度增大而增大
	相关性：GLCM Correion	相关性，是影像灰度线性相关的度量
	角秒矩：GLCM Angular Second Moment	角二阶矩，可以用来描述图像中灰度分布的均匀程度和纹理的粗细程度
数字高程模型：DSM	均值 Mean	由构成一个对象的所有像素的值计算得到的平均值

试验中计算了六个波段的均值和标准差、图像亮度、NDVI、DSM 均值。在计算纹理特征时，首先在 ENVI 中对影像 6 个波段进行了主成分分析，取第一主成分，计算其纹理特征。

第一层分类使用 NDVI 来区分植被与非植被。竹子、草地和其他林地三者在光谱特征方面区分度较高。而在纹理特征方面重合较多，因此将纹理特征剔除，地类的 DSM 均值受研究区地形起伏影响大于它们彼此之间的差异。因此在分类中剔除，最终选用六个波段均值、亮度和最大差值作为第二层分类的特征。分类特征选取见表 4-10。

表 4-10　　　　　　　分　类　特　征　选　取

层次	分类目的	分类特征选取
1 层	区分植被非植被	NDVI
2 层	树种识别	六个波段均值，亮度，max. diff

（4）分类方法。

1）隶属度函数法，又称成员函数法，根据所选样本对象特征生成一个隶属度从 0 到 1 的函数。影像分类时，根据待分类的影像对象反应的各个类别的隶属度值，将对象分类为隶属度值最高的类别，适合对象特征比较明显的地物之间的识别。经过试验验证，将 NDVI 阈值设置为 0.52，大于或等于 0.52 的对象被

电网山火灾害防御技术与应用

赋予为植被，其余归为非植被。

2）最邻近算法。需要选取样本进行训练，通过样本对象特征空间计算得出的隶属度、均值距离以及最小距离来判定待分类对象所属类别，适合对象特征相近或重叠度较高的地物之间的识别。

2. 基于像素的影像分类方法

（1）分类体系构建。按照实际情况和项目需要，将研究区地类划分为竹子、桉树、其他林地、草地、水体、裸地和建设用地七类，见表4-11。

表4-11　　　　　　　　　基于像素的分类体系

类别	影像特征	特征描述
草地		在影像中显示为鲜绿色，色调均匀，内部纹理有颗粒感
竹子		在研究区分布较广，树冠较小且方向杂乱
桉树		树冠形状较为规则，且成片分布
其他林地		树冠形状比较规则，内部纹理较为粗糙

续表

类别	影像特征	特征描述
水体		颜色均匀，接近真实地表颜色，表面非常平滑
裸地		颜色较为均匀，接近真实地表颜色
建设用地		包括道路和建筑物，为形状规则的几何体

（2）地类样本光谱特征分析。光谱特征不仅是遥感影像使用最多的直观信息，也是其他特征的基础。不同地物的光谱曲线呈现出不同的反射特征，在波段特征点上这些差别表现更加明显，可以通过分析光谱曲线发现地物在哪个特征上表现特殊，从而在地物提取时选取合适的特征。

在蓝波段，建设用地、裸地、水体和植被（桉树、竹子、其他林地和草地）具有较大的区别，但是植被内部重合比较高，无法区分；在绿波段，桉树、其他林地和竹子有所差异，但是草地和水体非常接近；在红波段，桉树、竹子、其他林地几乎重合，不能区分，其他地类则区别较大；在红边 1 波段，竹子与桉树和其他林地有所差异，但是桉树与其他林地无法区分；在红边 2 波段，竹子、桉树和其他林地三种地物之间能够区分，但是建设用地和桉树、其他林地则区分不开；在近红外波段，竹子、草地和裸地无法区分，这三者与其他地物的区别较大。综上所述，不同波段对各种地类的区分效果是不一样的，因此在分类时，需要组合6个波段来识别地物。

（3）最大似然分类。最大似然法将遥感影像多波段数据的分布作为多维正态分布来构造判别分类函数。最大似然法的思想是：将各类已知像元的数据在平面或空间中构成一定的点群。每一类的每一维数据都在自己的数轴上形成一个正态分布，该类的多维数据就构成该类的一个多维正态分布。各类的多维正态分布模型在位置、形状、密集或者分散程度等方面不同。以三维正态分布为例，每一类数据都会形成近似铜钟形的立方体。不同地类光谱反射率均值曲线如图4-46所示，最大似然法确定概率密度函数如图4-47所示。

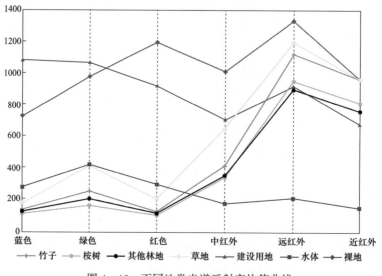

图4-46　不同地类光谱反射率均值曲线

最大似然分类器会根据训练样本和输入的波段数据，构造出多维正态分布模型，实际就是各类出现各种数据向量的概率，即概率密度函数或者概率分布函数。在得到各类的多维分布模型后，对于未知类别的数据向量，就可以通过贝叶斯公式计算它属于各个类别的概率大小。通过比较这些概率，属于哪一类的概率大，就把该数据向量或者像元归到这一类中。

在实际分类过程中，先选择各个类别（桉树、竹子、其他林地、草地/灌

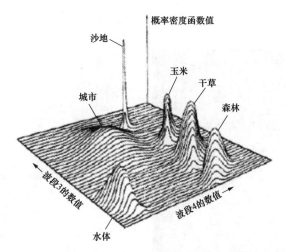

图 4 - 47　最大似然法确定概率密度函数

木、建设用地、水体和裸地）的训练样本。将训练样本中各类别像素的六个波段值（蓝、绿、红、红边、红边 750、近红外）作为六维特征向量，来建立各个类别的最大似然判别函数。在执行分类时，输入每个像素的六维特征向量（即六个波段值），使用各类别的判别函数来计算该像素属于该类别的概率，最后选择概率最大的类别作为该像素所属的地类，从而完成分类。

3. 试验结果与分析

（1）面向对象的分类结果。对影像进行第一层分割后，使用隶属度函数法区分植被与非植被。计算对象的 NDVI 均值，将 NDVI≥0.52 的对象赋为植被，其余则为非植被。

在区分植被与非植被后，在第一层分割的基础上对影像进行第二次分割，类别筛选器选择植被，只对已分类为植被的对象进行分割。第二层分割完成后，先将 NDVI≥0.52 的对象赋为植被，再选择各个类别的训练样本，为不同类别配置最邻近特征，类别筛选器选择植被，执行分类。

面向对象的植被与非植被区分结果如图 4 - 48 所示，面向对象的树种识别分类结果如图 4 - 49 所示，植被整体提取准确，成片的竹子与林地的分布较准确。在左上区域，混杂的竹子与林地之间存在误分，部分林地被误分为竹子。在右下区域，草地和竹子之间存在一定混淆，部分林地被误分为竹子。

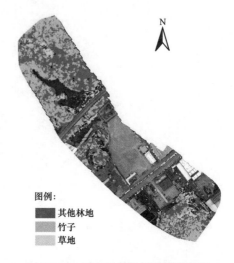

图 4-48　植被与非植被区分效果　　　　图 4-49　面向对象的树种识别结果

（2）基于像素的分类结果。根据分类体系和目视解释，勾选各个类别的典型样本。选择影像的 6 个波段，使用最大似然分类器对样本进行训练和分类。基于像素分类的训练样本分布示意图如图 4-50 所示。

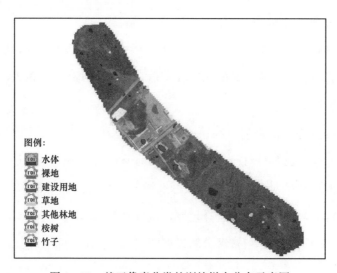

图 4-50　基于像素分类的训练样本分布示意图

基于像素的分类结果如图 4-51 所示，整体分类结果较好，虽然混交的竹子与林地存在误分情况，竹子内部的阴影也存在被误分为林地的情况，但整体上对成片分布的竹子、桉树等林地能准确提取。

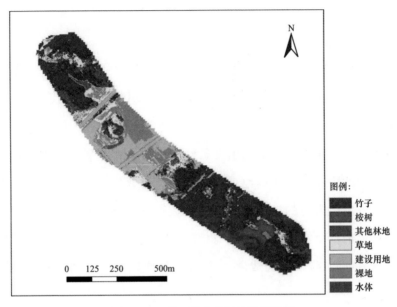

图 4-51　基于像素的树种识别结果

4.2.6　本节结论

基于融合多源时空地理信息，提出了适应于南方电网的典型树种识别算法。根据输电通道空间距离和典型树种判识，获取了导线"对地线距离""对树冠距离""相间距离"激光点云数据，用以开展输电线路山火隐患评估。

4.3　输电线路山火隐患评估

山火发生在输电线路通道内，将引起导线下方的空气绝缘强度降低。若导线对地空气绝缘或相间空气绝缘强度无法承受线路正常运行电压，将导致空气放电击穿，诱发输电线路跳闸事故。不同架空线路通道的运行电压不同、输电杆塔的架线方式不同、下垫面的植被生长情况也不同，发生山火时对架空输电线路的运行稳定性造成的影响也不相同。在激光点云获得输电通道的典型结构和植被参数后，开展发生山火时的线路放电跳闸风险评估获得山火隐患区段，可为后续的运维人员开展下一步的树障清理等防火治理措施提供依据。

4.3.1　山火隐患评估的基本流程

利用无人机搭载激光雷达对输电线路走廊通道全局扫描，并基于数字高程模型以及智能识别算法可获得通道内的输电线路本体数据（导线对地距离、导线对树冠距离、相间距离与对地线距离等）与地表环境数据（线下树高、树种、植被类型、坡度坡向等）。考虑到山火条件下空气击穿电压与火焰的燃烧情况密切相关，因此协同目标区域地表长时气象监测数据进行综合考虑，首先对输电通道内发生山火时的极端火焰行为参数进行计算。然后评估交、直流输电线路不同火焰桥接情况下的相地与相间击穿风险。基于该风险值可划分电网线路山火跳闸风险，明确线路山火防治重要区段。评估流程如图 4-52 所示。

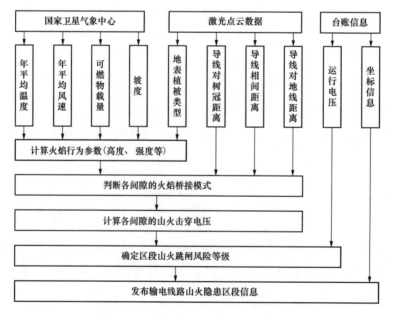

图 4-52　输电线路山火隐患评估流程

（1）火焰行为参数计算：从激光点云获取的地表植被信息与国家卫星气象中心获取的气象数据，根据林火蔓延经验模型，计算火焰蔓延速度、火线强度与火焰高度等火焰行为参数。

（2）间隙火焰击穿电压计算：根据激光点云获取的线路本体数据，计算燃烧火焰与输电线路的空间位置关系判断火焰桥接程度。然后分别按照不同桥接方式下的相-地、相间放电模型，分别计算山火条件下架空输电线路相-地、相间间隙击穿电压。

（3）输电线路山火跳闸风险评估：根据计算得到山火条件下的架空输电线路相-地、相间击穿电压，综合考虑交、直流输电线路的运行特性，判断导线相-地、相间间隙的山火跳闸风险。

（4）发布山火隐患区段信息：对于有山火跳闸风险的隐患区段，根据输电线路的台账发布告警信息。

4.3.2　火焰行为参数计算

地表火焰燃烧时的高度将直接影响输电线路的火焰桥接方式，进而影响输电线路绝缘的击穿风险。考虑到我国南方地区桉树、松树和杉树等高大乔木大量分布，燃烧时火焰强度较大，对输电线路绝缘影响严重。因此，采用以我国植被燃烧试验为基础并加以物理机制分析的王正非模型计算火焰高度 L。

$$L=0.0775I^{0.46} \tag{4-32}$$

式中　I——火线强度，kW/m。

$$I=0.007QWR \tag{4-33}$$

式中　Q——可燃物燃烧热值，cal/g；

　　　W——下垫面可燃物载量，t/hm^2；

　　　R——火蔓延速度，m/min。

其中，Q 可根据输电通道激光点云树种识别结果对照表 4-12 所得；W 由国家卫星气象中心根据卫星遥感数据反演得到；R 根据输电通道下垫面可燃物类型、火灾时的气象以及地形条件进行修正，计算见式（4-34）。

表 4‑12 常见植被种类可燃物热值

植被种类	杉树	茅草	灌木	桉树	松树
可燃物热值（cal/g）	4587	3873	4417	3900	4552

火蔓延速度 R 计算：

$$R = K_c K_\varphi K_v R_0 \qquad (4-34)$$

式中 K_c——可燃物类型修正系数。

K_c 由输电线路下垫面可燃物的类型决定，可通过查表 4‑13 获得。

表 4‑13 植被种类修正系数

植 被 类 型	K_c
杉树	0.8
茅草、杂草	1.6
秸秆	0.6
次生林	0.7
针叶林	0.4
平铺针叶	0.8
枯枝落叶	1.2
莎草、矮桦	1.8
牧场草原	2
红松、华山松、云南松等林地	1

植被类型修正系数描述的是不同的植被对火焰燃烧和蔓延的影响程度。其值越大，意味着产生的火越容易蔓延。一般容易燃烧的茅草、杂草、枯枝落叶等植被，对应的植被类型修正系数越大。但是值得注意的是，受到地表植被高度的限制，这些植被燃烧产生的地表火难以桥接大部分空气间隙，因此对输电线路绝缘影响程度较小。事故报告表明，电力系统 71% 的山火跳闸都是由于林木燃烧时的树冠火引起的，而绝大部分林木的燃烧修正系数在 0.4～1.0，因此在山火隐患分布分析的火焰行为参数计算时，选取最危险的 $K_c = 1$ 作为评估条件。

K_φ 和 K_v 分别代表坡度修正系数和风速修正系数；R_0 为初始火蔓延速度。

$$K_v = e^{0.178v} \qquad (4-35)$$

$$K_\varphi = e^{3.533\tan\varphi^{1.2}} \tag{4-36}$$

$$R_0 = 0.03T + 0.01H - 0.3 \tag{4-37}$$

式中　φ——坡度,°;

　　　v——风速,m/s;

　　　T——温度,℃;

　　　H——相对湿度。

其中,φ 由激光点云数据获取;H 为所有的气象条件取评估区段所在位置的气象年平均值。

4.3.3　输电线路绝缘间隙火焰击穿电压计算

1. 火焰桥接情况划分

火焰条件下间隙的击穿特性主要与火焰温度、电导率以及灰烬颗粒等因素有关。一方面,植被燃烧时由于化学解离和碱土金属元素热游离产生了大量的电荷,导致火焰本身具有较高的电导率,一旦桥接空气间隙,极易引起放电击穿。另一方面,在燃烧灰烬颗粒和高温的影响下,火焰上空的烟气的平均击穿电压梯度也会远低于纯空气间隙。在非火焰区空气温度和离子浓度较低,气体放电发展主要受灰烬颗粒的影响,而在火焰区放电主要受温度、电导率以及颗粒的综合影响。因此,考虑到火焰燃烧条件下的稳定状态,将山火下导线对地整体间隙分为火焰连续区、火焰不连续区和烟雾区间隙,分别建模各部分的击穿特性。

(1) 导线对树冠间隙。导线对树冠间隙划分为烟雾区、火焰非连续区、火焰连续区、植被区。H_s 为烟雾区长度,H_x 为火焰非连续区长度,H_F 为火焰连续区长度,L 为火焰行为模块计算得到的火焰高度,L_z 为植被高度。

火焰高度 L 由火焰非连续区长度 H_x 与火焰连续区长度 H_F 组成,火焰非连续区和连续区长度分别占火焰高度的 1/4 和 3/4,即 $H_x = 0.25L$ 和 $H_F = 0.75L$。根据 3.3 节的研究成果,将输电线路导线对树冠的空气间隙按照火焰桥接方式划分以下三种情况,见表 4-14。

表 4-14 导线对树冠间隙击穿火焰桥接情况

判识依据	火焰桥接方式	具体情况
$L \leqslant X_{gh}$	烟雾区桥接	火焰未触及导线，导线下方为加热且混合烟气的空气＋火焰连续区＋火焰非连续区
$0.75L < X_{gh} < L$	半桥接	导线位于火焰非连续区内，导线下方为火焰连续区＋部分火焰非连续区
$0.75L \geqslant X_{gh}$	全桥接	导线下方全部被火焰连续区桥接

（2）导线相间间隙。通常输电走廊内发生的山火覆盖面积较大，一旦火焰高度高于导线，则导致不同相之间导线全部被火焰桥接。不考虑相间部分充满火焰的情况，此时相间间隙桥接情况与对地间隙击穿情况一致。

（3）导线对地线间隙。在高电压等级架空输电线路中，相较于导线对地距离，导线与地线之间的距离 X_{dx} 通常要小得多。因此在火焰或者烟雾的条件下，导线对地线可能发生放电击穿事故。根据火焰高度，导线对地线的火焰桥接情况划分依据见表 4-15。

表 4-15 导线对地线间隙击穿火焰桥接情况

判识依据	火焰桥接方式	具体情况
$L \leqslant X_{gh}$	烟雾区桥接	相对地线间隙为被加热的空气和烟气
$0.75L < X_{gh} < L$ 且 $L < X_{gh} + X_{dx}$	半桥接 1	间隙为部分烟气空气＋部分非连续区火焰
$X_{gh} + X_{dx} > 0.75L \geqslant X_{gh}$ 且 $L < X_{gh} + X_{dx}$	半桥接 2	间隙为部分烟气空气＋非连续区火焰＋部分连续区火焰
$X_{gh} + X_{dx} > 0.75L \geqslant X_{gh}$ 且 $L \geqslant X_{gh} + X_{dx}$	半桥接 3	间隙为部分非连续区火焰＋部分连续区火焰
$0.75L \geqslant X_{gh} + X_{dx}$	全桥接	间隙全部被连续区火焰覆盖

2. 间隙山火击穿模型

不同火焰桥接情况下，影响间隙击穿特性的因素不同。根据火焰桥接情况，分别计算目标位置所处输电通道区段的导线对地（树冠）、相间与导线对地线的火山击穿电压。

(1) 对地间隙击穿电压 U_b。

1) 全桥接情况（$0.75L \geqslant X_{gh}$）、全桥接时，植被顶部至导线之间的间隙（导线对树冠距离 X_{gh}）均为火焰连续区，即

$$H_F = X_{gh} \tag{4-38}$$

此时导线对地山火击穿电压计算式为

$$U_b = \frac{E_{HF} H_F}{C_k} \tag{4-39}$$

式中　E_{HF}——标准火焰连续区平均击穿电压梯度，kV/m；

　　　H_F——火焰连续区长度，m。

其中，E_{HF} 根据 GB/T 16927.1—2011《高电压试验技术　第 1 部分：一般定义及试验要求》与数据拟合，取 35kV/m；C_k 根据激光点云树种识别获取该修正系数。综合考虑了不同植被燃烧时火焰等离子的温度、离子数等特性对空气绝缘性能的影响程度，取值在 0.88～1.13，数值越大，则对应间隙的击穿电压越低。

2) 半桥接情况（$0.75L < X_{gh} < L$）。半桥接时，植被顶部至导线之间的间隙由火焰连续区和部分火焰非连续区组成，此时火焰连续区长度 H_F 与火焰非连续区长度 H_x 为

$$H_F = 0.75L \tag{4-40}$$

$$H_x = X_{gh} - H_F \tag{4-41}$$

此时导线对地击穿电压计算式为

$$U_b = \frac{E_{HX} H_x}{C_p C_d} + \frac{E_{HF} H_F}{C_k} \tag{4-42}$$

式中　E_{HF}——标准火焰连续区平均击穿电压梯度，取 35kV/m。

3) 烟雾区桥接（$L \leqslant X_{gh}$）。烟雾区桥接时，植被顶部至导线之间的间隙包括火焰连续区、火焰非连续区和烟雾区，对应火焰连续区长度 H_F、火焰非连续区长度 H_x 和烟雾区长度 H_s 为

$$H_F = 0.75L \tag{4-43}$$

$$H_x = 0.25L \qquad (4-44)$$

$$H_s = X_{gh} - L \qquad (4-45)$$

此时导线对地击穿电压为

$$U_b = \frac{E_a H_s}{C_a C_g C_\sigma C_h} + \frac{E_{HX} H_X}{C_p C_d} + \frac{E_{HF} H_F}{C_k} \qquad (4-46)$$

式中 C_g——烟雾区的颗粒密度修正系数;

C_σ、C_h——空气密度和空气湿度修正系数。

其中,C_σ 和 C_h 可根据 GB/T 16927.1—2011 计算。

根据长间隙击穿模型,当空气间隙长度 $H_s \geqslant 4m$ 时,E_a 由式 (4-47) 计算;$H_s < 4m$ 时,平均耐受场强 E_a 近似不变,因此,取 E_a 为 359.2kV/m。

$$E_a = \left(\frac{1850 + 59 H_s}{1 + 3.89/H_s} + 92 \right) / H_s \qquad (4-47)$$

(2) 相间间隙击穿电压 U_{ab}。

1) 全桥接情况 ($0.75L \geqslant X_{gh}$)。当相间间隙为全桥接时,相间间隙全部充满连续区火焰,对应相间间隙击穿电压为

$$U_{ab} = \frac{E_{HF} L_X}{C_k} \qquad (4-48)$$

式中 E_{HF}——标准火焰连续区平均击穿电压梯度,取 35kV/m。

2) 半桥接情况 ($0.75L < X_{gh} < L$)。当相间间隙为全桥接时,相间间隙全部充满非连续区火焰。

$$U_{ab} = \frac{E_{HX} L_X}{C_p C_d} \qquad (4-49)$$

3) 烟雾区桥接情况 ($L \leqslant X_{gh}$)。当相间间隙为烟雾区桥接时:

$$U_{ab} = \frac{E_a L_X}{C_a C_g C_\sigma C_h} \qquad (4-50)$$

式中 C_g——烟雾区的颗粒密度修正系数;

C_σ、C_h——空气密度和空气湿度修正系数。

（3）地线间隙击穿电压 U_g。

1）全桥接情况（$0.75L \geqslant X_{gh} + X_{dx}$）。全桥接时，导线至地线之间的间隙均为火焰连续区，此时火焰连续区长度等于导线与地线之间的距离 X_{dx}。

$$H_F = X_{dx} \qquad (4-51)$$

此时导线对地线击穿电压为

$$U_g = \frac{E_{HF} H_F}{C_k} \qquad (4-52)$$

式中　E_{HF}——标准火焰连续区平均击穿电压梯度，取 35kV/m；

　　　H_F——火焰连续区长度，m。

2）间隙半桥接 1 情况（$0.75L < X_{gh} < L$，且 $L < X_{gh} + X_{dx}$）。

地线至导线之间的间隙包括烟雾区和部分火焰非连续区，此时火焰非连续区长度 H_{XG} 和烟雾区长度 H_{SG} 的计算式为

$$H_{XG} = L - X_{gh} \qquad (4-53)$$

$$H_{SG} = X_{dx} + X_{gh} - L \qquad (4-54)$$

此时导线对地击穿电压计算式为

$$U_g = \frac{E_a H_{SG}}{C_a C_g C_\sigma C_h} + \frac{E_{HX} H_{XG}}{C_p C_d} \qquad (4-55)$$

式中　C_g——烟雾区的颗粒密度修正系数。

3）间隙半桥接 2 情况（$X_{gh} + X_{dx} > 0.75L \geqslant X_{gh}$，且 $L < X_{gh} + X_{dx}$）。半桥接 2 时，地线至导线之间的间隙包括烟雾区和火焰非连续区以及部分火焰连续区，此时火焰连续区长度 H_{FG}、火焰非连续区长度 H_{XG} 和烟雾区长度 H_{SG} 的计算式为

$$H_{FG} = 0.75L - X_{gh} \qquad (4-56)$$

$$H_{XG} = 0.25L \qquad (4-57)$$

$$H_{SG} = X_{dx} + X_{gh} - L \qquad (4-58)$$

此时导线对地线击穿电压计算式为

$$U_g = \frac{E_a H_{SG}}{C_a C_g C_\sigma C_h} + \frac{E_{HX} H_{XG}}{C_p C_d} + \frac{E_{HF} H_{FG}}{C_k} \qquad (4-59)$$

式中　C_g——烟雾区的颗粒密度修正系数；

　　　E_{HF}——标准火焰连续区平均击穿电压梯度，取 35kV/m。

4）间隙半桥接 3 情况（$X_{gh}+X_{dx}>0.75L \geqslant X_{gh}$，且 $L \geqslant X_{gh}+X_{dx}$）。半桥接 3 时，地线至导线之间的间隙包括部分火焰非连续区以及部分火焰连续区，火焰连续区长度 H_{FG} 和火焰非连续区长度 H_{XG} 为

$$H_{FG}=0.75L-X_{gh} \tag{4-60}$$

$$H_{XG}=X_{dx}+X_{gh}-0.75L \tag{4-61}$$

此时导线对地线击穿电压计算式为

$$U_g=\frac{E_{HX}H_{XG}}{C_pC_d}+\frac{E_{HF}H_{FG}}{C_k} \tag{4-62}$$

式中　E_{HF}——标准火焰连续区平均击穿电压梯度，取 35kV/m。

5）烟雾区桥接情况（$L \leqslant X_{gh}$）。烟雾区桥接时，地线至导线之间的间隙为纯烟雾区，烟雾区长度 H_{SG} 则等于导线对地线距离 X_{dx}。

$$H_{SG}=X_{dx} \tag{4-63}$$

导线对地线的击穿电压为

$$U_g=\frac{E_aH_{SG}}{C_aC_gC_\sigma C_h} \tag{4-64}$$

（4）间隙击穿模型修正系数。

1）海拔修正系数 C_a。

$$C_a=\frac{1}{2-e^{\frac{|H_b-23.3|}{8150}}} \tag{4-65}$$

式中　H_b——目标区域所处输电通道区段海拔，m。

H_b 从国家卫星气象中心反演高程数据获取。

2）烟雾区的颗粒密度修正系数 C_g。试验表明即便是茅草灰烬，都会导致烟气条件下空气间隙的击穿电压降低到纯空气间隙的 40% 以下。因此取 $C_g=2.5$。

3）空气密度修正系数 C_σ。根据 GB/T 16927.1—2011，空气密度修正系数 C_σ 取决于烟气中的空气相对密度 σ，即

$$C_\sigma = \frac{1}{\sigma^m} \tag{4-66}$$

$$\sigma = \frac{273 + T_a}{273 + T_a + \Delta T} \tag{4-67}$$

式中　m——空气密度修正指数，与间隙距离有关，简化取 $m=1$；

　　　T_a——环境温度，℃，取目标杆塔区段所处位置的年均温度；

　　　ΔT——火焰燃烧时的空气温升，可由火焰燃烧模型进行估算。

$$\Delta T = \frac{3.9 I^{2/3}}{H_{ms}} \tag{4-68}$$

式中　I——火焰燃烧模型计算得到的火线强度，kW/m；

　　　H_{ms}——对应的烟气位置距离树冠的高度（即距离火焰起始位置的高度），m。

考虑到随着高度的增加，温度逐渐下降，因此在计算间隙位置的温度时，采用对应烟气间隙的中间位置，不同情况见表 4-16。

表 4-16　　　　　　　各间隙条件下 H_{ms} 取值

计算方式	桥接方式	H_{ms}
对地间隙击穿电压	烟雾区桥接	$L + (X_{gh} - L)/2$
相间间隙击穿电压	烟雾区桥接	X_{gh}
地线间隙击穿电压	间隙半桥接 1	$L + (X_{gh} + X_{dx} - L)/2$
	间隙半桥接 2	$L + (X_{gh} + X_{dx} - L)/2$
	烟雾区桥接	$(X_{gh} + X_{dx})/2$

4）空气湿度修正系数 C_h。根据 GB/T 16927.1—2011，空气湿度修正系数为

$$C_h = \frac{1}{k^w} \tag{4-69}$$

式中　w——湿度修正指数；

　　　k——湿度修正底数。

其中，w 与间隙距离有关，简化取 $w=1$；k 与绝对湿度 h 和烟气中的空气密度 σ 有关，k 的计算见式（4-70）。

$$k = 1 + 0.012(h/\sigma - 11) \tag{4-70}$$

空气密度 σ 按照式（4-67）和式（4-68）估算；考虑到火焰对空气湿度的影响过程极其复杂，温度的改变通常改变的是水分的形态，而不是水分的含量，因此绝对湿度 h 取标准大气条件下的 $h=11\mathrm{g/m^3}$，即空气湿度修正系数实际上也是对空气密度进行二次修正。

5）植被密度修正系数 C_d。根据间隙击穿试验，火焰非连续区击穿电压梯度与林地可燃物载量 W 的关系式为

$$E_{HX}=-6.319W+271 \tag{4-71}$$

则火焰非连续区植被密度修正系数 C_d 计算式为

$$C_d=\frac{173.7}{-6.319W+271} \tag{4-72}$$

6）火焰非连续区的颗粒修正系数 C_p。据试验结果，得到火焰非连续区的击穿电压梯度下降至空气间隙的 85%，因此烟雾颗粒修正系数 $C_p=1.18$。

7）植被种类修正系数 C_k。根据试验结果得到不同种类高风险植被的植被种类修正系数 C_k 见表4-17。修正时根据目标输电走廊区段所处位置的激光点云树种识别数据进行估算。

表 4-17　　　　　　　　　植被种类修正系数 C_k

植 被 种 类	修 正 值
水杉木	1
云南松	1.13
桉树	0.96
灌木	0.93
茅草	0.88

4.3.4　输电线路绝缘间隙山火跳闸风险

1. 间隙山火击穿电压的确定

（1）交流击穿电压。根据4.2.3所述不同火焰桥接情况，分别计算得到"对地间隙击穿电压 U_b""相间间隙击穿电压 U_{ab}"和"地线间隙击穿电压 U_g"。对于相对地击穿故障，导线对地绝缘强度 U_{1ac} 取决于"对地间隙击穿电压 U_b"和"地线间隙击穿电压 U_g"中较小的值，即

$$U_{1ac} = \min(U_b, U_g) \tag{4-73}$$

而相间绝缘强度 U_{2ac} 取决于"相间间隙击穿电压 U_{ab}",即

$$U_{2ac} = U_{ab} \tag{4-74}$$

(2) 直流击穿电压。由于正极性直流电压击穿电压低于负极性击穿电压,风险最高,因此本模型仅考虑正极性条件下的击穿电压计算。在火焰 75% 桥接条件下,对比同参数下的正极性直流击穿电压和工频击穿电压,得到正极性直流击穿电压的修正系数 C_{dc} 为 1.19,若线路电压等级判断该线路为直流线路,则在求得击穿电压后乘以 C_{dc} 得到此时直流击穿电压。即

$$U_{1dc} = 1.19 \times \min(U_b, U_g) \tag{4-75}$$

$$U_{2dc} = 1.19 \times U_{ab} \tag{4-76}$$

2. 导线相地、相间运行电压的确定

(1) 交流运行电压。当输电线路的线电压(电压等级)为 U_L 时,则正常运行时导线对地的相电压峰值 U_a 为 $\sqrt{2}U_L/\sqrt{3}$,相间的电压峰值 U_{al} 为 $\sqrt{2}U_L$。即系统运行电压为

$$U_a = \sqrt{2}U_L/\sqrt{3} \tag{4-77}$$

$$U_{al} = \sqrt{2}U_L \tag{4-78}$$

(2) 直流最大运行电压。当线路类型为直流时,输电线路的对地电压为单极运行电压,即线电压 U_L,相间以双极之间电压为准,为 2 倍的 U_L。即

$$U_d = U_L \tag{4-79}$$

$$U_{dl} = 2U_L \tag{4-80}$$

3. 山火跳闸风险判识标准

(1) 相-地跳闸风险。定义相地跳闸风险为相-地的电压峰值 U_a(或 U_d)与导线对地绝缘强度 U_{1ac}(或 U_{1dc})的比值:

$$P_D = \frac{U_a}{U_{1ac}} \tag{4-81}$$

$$P_D = \frac{U_d}{U_{1dc}} \tag{4-82}$$

当 $P_D > 1$ 时，则被认为有相对地跳闸风险，被识别为隐患区域。

（2）相间跳闸风险。定义相间跳闸风险为 P_J，为相间的电压峰值 U_{al}（或 U_{dl}）与相间绝缘强度 U_{2ac}（或 U_{2dc}）的比值：

$$P_J = \frac{U_{al}}{U_{2ac}} \tag{4-83}$$

$$P_J = \frac{U_{dl}}{U_{2dc}} \tag{4-84}$$

考虑输电线路长期运行允许电压与击穿概率，当 $P_J > \dfrac{1}{1.2}$ 时，则被认为存在绝缘击穿风险，被识别为隐患区段。

4.3.5 案例分析

为证模型评估准确性，选取若干典型输电通道区段算例进行分析，对应的输电通道参数、当地气候和下垫面情况见表 4-18。

表 4-18 典型输电通道区段的算例参数

线路名称	A线	B线	C线	D线	E线
电压等级（kV）	220	220	220	500	220
对树冠距离（m）	1.05	22.12	2.85	21.59	46.42
相间距离（m）	7.14	5.52	9.08	12.43	7.13
导线对地线距离（m）	5.75	6.86	8.41	9.05	11.67
坡度（°）	1.67	35.18	17.9	35.94	35.35
年均温度（℃）	24.66202	5.57049	21.51863	10.15946	21.42891
年均湿度（%）	74.55025	79.32396	80.26704	75.90362	80.38677
年均风速（m/s）	1.57359	1.643163	1.626009	1.022255	1.327647
可燃物热值（cal/g）	2380.952	4245.238	4670.238	3571.429	4245.238
可燃物载量（t/hm²）	11.26553	19.03372	16.9675	4.944288	16.71861
海拔（m）	55	3454	66	2825	221

基于对应线路杆塔区段的激光点云与长时气象、地表参数，求解火焰行为参数，并根据输电线路绝缘击穿模型评估对应区段的山火隐患风险结果见表 4-19。

（1）火焰行为参数计算。基于算例中各线路杆塔区段对应的激光点云与长时气象、地表数据，求解火焰行为参数，包括火蔓延速度、火线强度与火焰高度，见表4-19。

表4-19 火焰行为参数计算

线路名称	A线	B线	C线	D线	E线
火蔓延速度（m/min）	1.74	2.62	4.80	11.87	17.80
火线强度（kW/m）	617.01	1573.84	2565.90	1848.23	9375.78
火焰高度（m）	1.49	2.29	2.87	2.47	5.21

（2）火焰桥接情况划分。通过对比起火后火焰燃烧高度与所在输电线路区段的空间位置关系，分别基于导线对地（导线相间）间隙与导线对地线间隙的火焰桥接方式划分判据，划分火焰桥接方式见表4-20。

表4-20 火焰桥接方式划分

线路名称	A线	B线	C线	D线	E线
火焰桥接方式："导线对地"和"相间"	全桥接	烟雾区桥接	半桥接	烟雾区桥接	烟雾区桥接
火焰桥接方式："导线对地线"	半桥接2	烟雾区桥接	半桥接1	烟雾区桥接	烟雾区桥接

（3）绝缘间隙击穿电压计算与跳闸风险划分。求得算例中各输电线路区段在下垫面起火后，导线对地（相间）间隙与导线对地线间隙的火焰桥接方式后，根据不同间隙的绝缘击穿模型，求解相对地与相间间隙的击穿电压，并对比击穿电压与输电线路最大运行电压，输出最终的跳闸风险。击穿电压与风险判断见表4-21。

表4-21 击穿电压与风险判断

线路名称	A线	B线	C线	D线	E线
相地跳闸风险	4.89	0.16	1.04	0.30	0.04
相间跳闸风险	1.25	0.95	0.25	0.76	0.33

求得算例最终输电线路相间与相对地的跳闸风险值可知，A线与B线区段相间间隙绝缘击穿风险较高，A线与C线区段相对地间隙绝缘击穿风险较高，而D线与E区段之间存在绝缘击穿风险较低。

将该计算模型推广至南方电网全域输电走廊通道，可评估100m精度输电线路区段的绝缘击穿风险并进行可视化，绘制输电线路山火隐患分布图。进而指导重点关键线路的差异化山火运维工作，及时对高风险输电线路区段开展树障清理、地基硬化、裸导线绝缘化改造等工作。

4.3.6 本节结论

（1）根据激光点云扫描输电走廊线路本体、地表环境数据，结合区域内年均气象数据，求解了极端条件下的火焰行为参数，并优化了"三段式"输电线路山火跳闸风险计算模型，用以评估长期条件下输电通道各区段的绝缘击穿风险。

（2）该模型可指导开发输电线路山火隐患分布图绘制软件，实现全域高山火风险输电线路隐患区段自动更新绘制与梳理，辅助运维单位针对性开展电网防山火差异化运维工作。

4.4 电网防山火差异化运维

为提高南方电网抵御山火灾害的能力，降低山火运维管理成本，根据上述方法获得的输电走廊和输电通道不同山火发生和跳闸隐患风险，绘制了南方电网管辖范围的山火风险分布图，结合卫星监测盲区分布图，在全网高山火风险和盲区的输电线路杆塔上进行在线监测装置的安放。在此基础上与无人机巡线相配合，建立了"天-空-地"立体化山火监测预警体系，实现"全线巡视"到"重点隐患区段巡视"转变，提升局部重点区域山火防御水平。对重点线路进行了输电线路的山火隐患评估，确定了隐患区段。对隐患区段开展了树障隐患清理工作。根据地形、导线风偏、树木高度计算出树木砍伐或倾倒时与线路最小距离，及时排查出通道周边可能导致因安全距离不足引发设备放电、跳闸的超高树隐患风险。并对山火发生的高、极高风险区域以及关键低压重要线路开展裸导线绝缘喷涂改造，有效地提升低压线路的抵御火灾的能力。

4.4.1　输电线路山火风险绘图软件

绘制输电线路山火风险等级分布图是指导防山火特巡特维及在线监测装置布点规划的重要依据。根据山火风险分布评估技术，融合"距离居民点远近""植被类型""距离道路远近""年降水量""历史火点密度""土地利用类型""海拔"和"NDVI 植被指数"八个山火风险因子，利用贝叶斯概率理论可以评估目标区域的山火发生风险。根据输电线路山火隐患评估技术，利用激光点云技术得到的输电通道的结构参数和下垫面参数，可以评估目标线路区段的山火隐患风险。项目基于上述研究成果，开发了输电线路山火风险绘图软件，界面如图 4-53 所示。

软件包含"绘制山火发生风险分布图"和"绘制输电线路山火隐患分布图"两大功能，可实现南方电网的山火发生风险和具体输电线路山火隐患风险的评估和相应的分布图绘制功能。

图 4-53　输电线路山火风险绘图软件首界面

1. 山火发生风险分布图绘制

"山火发生风险分布图绘制"功能可根据收集的研究区域 1km×1km 网格化山火影响因子数据，利用贝叶斯算法对各个网购的山火发生概率进行计算。然后根据计算结果将山火风险进行等级划分，分别划为低风险（1 级）、中等风险（2 级）、高风险（3 级）和极高风险（4 级）。"山火发生风险分布图绘制"功能页面如图 4-54 所示。

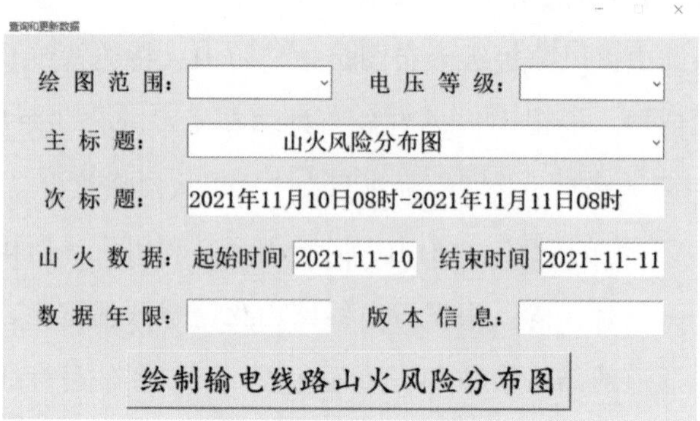

图 4-54 "山火发生风险分布图绘制"功能页面

考虑到不同的应用场合的重要山火影响因子可能不尽相同，软件可根据研究结果对特征因子进行更改和特征数据的更新。山火影响因子的更改和更新如图 4-55 所示。

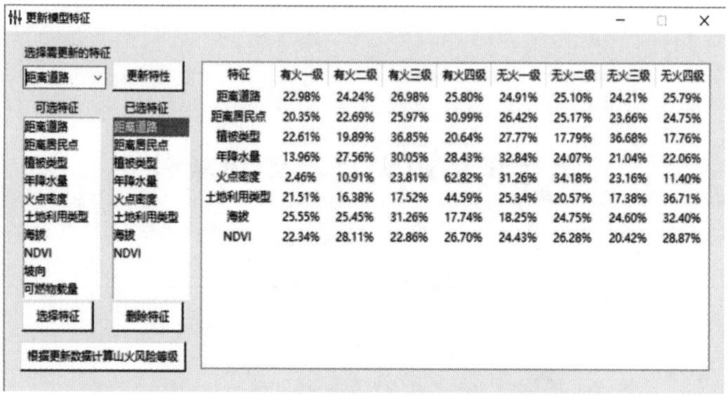

图 4-55 山火影响因子的更改和更新

为更加直观显示区域的风险程度和电网之间的关联，"山火发生风险分布图绘制"功能可将架空输电线路台账信息进行输入并叠加在图层中，并可通过绘制主页面选择性显示具体输电线路的分布情况查询和更新输电线路台账数据如图 4-56 所示。

除此之外，"山火发生风险分布图绘制"功能可直接将已经发生的火点位置、已经发生过山火跳闸位置，以及供电局现场或软件评估的隐患区段位置

直接叠加在图层显示。通过"查询和更新输电线路山火数据"可实现将上述
事件的位置和相应数据进行更新、查询和修改。查询和更新输电线路山火数据
如图 4-57 所示。

图 4-56　查询和更新输电线路台账数据

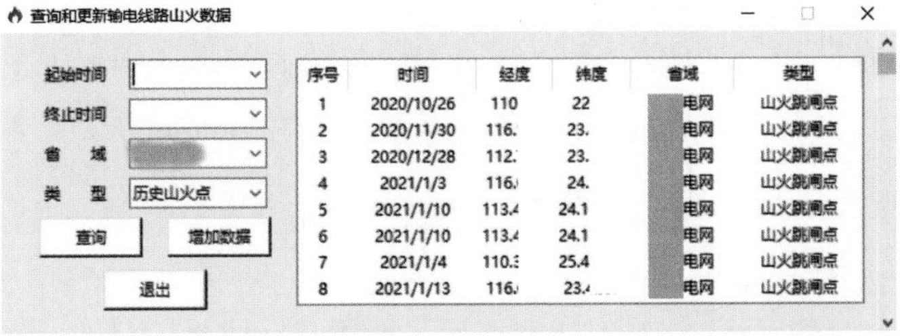

图 4-57　查询和更新输电线路山火数据

在主页面上可实现"绘图范围",即整个区域电网或者省级电网的风险分布
输出,供不同的运维部门绘制和查询。根据选择范围不同,图名统一命名为:
"××山火风险等级分布图",位置:全图正上方居中。除此之外,还能够差异
化实现显示线路的"电压等级"、绘制内容主题"主标题"、时间主题"副标
题",以及显示火点数据的"起始时间"和"结束时间"的选择和设定。

输电线路山火风险等级分布图的右下角对分布图的符号进行解释和说明,
见表 4-22。

表 4-22　　　　架空输电线路山火风险等级分布图标识图例

含义	说明	示例
一级线路山火风险	绿色,R=184、G=248、B=173	
二级线路山火风险	蓝色,R=134、G=178、B=215	

续表

含义	说明	示例
三级线路山火风险	黄色，R=246、G=208、B=143	
四级线路山火风险	红色，R=235、G=97、B=99	
发生过山火点	黑色，R=0、G=0、B=0，大小为 3	▲
山火跳闸点	黑色，R=0、G=0、B=0，大小为 2	⊗
山火隐患区段	红色，R=255、G=0、B=0，大小为 2	●
35kV 及以上线路	蓝色，R=0、G=0、B=168，大小为 1	——

2. 输电线路山火隐患分布图绘制

“绘制输电线路山火隐患分布图”功能可根据输电线路山火隐患评估模型，对激光点云数据进行输电线路山火隐患评估。评估前需要将无人机搭载激光雷达扫描得到的目标区域内输电通道线路本体与地表数据，国家卫星气象中心提供的长时气象数据，联同输电线里的台账数据进行数据库导入。查询和更新输电线路激光点云数据如图 4－58 所示。

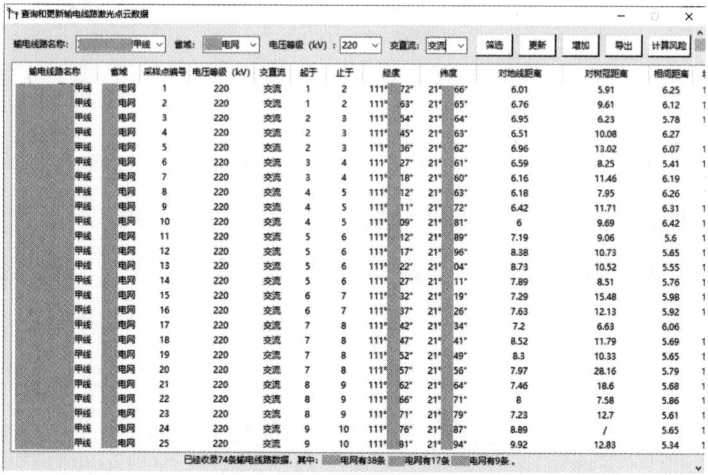

输电线路名称	省域	采样点编号	电压等级 (kV)	交直流	起于	止于	经度	纬度	对地线距离	对树冠距离	相间距离	
甲线	电网	1	220	交流	1	2	111° 72"	21° 66"	6.01	5.91	6.25	1
甲线	电网	2	220	交流	1	2	111° 63"	21° 65"	6.76	9.61	6.12	1
甲线	电网	3	220	交流	2	3	111° 54"	21° 64"	6.95	6.23	5.78	1
甲线	电网	4	220	交流	2	3	111° 45"	21° 63"	6.51	10.08	6.27	
甲线	电网	5	220	交流	2	3	111° 36"	21° 62"	6.96	13.02	6.07	1
甲线	电网	6	220	交流	3	4	111° 27"	21° 61"	6.59	8.25	5.41	1
甲线	电网	7	220	交流	3	4	111° 18"	21° 60"	6.16	11.46	6.19	
甲线	电网	8	220	交流	4	5	111° 12"	21° 63"	6.18	7.95	6.26	
甲线	电网	9	220	交流	4	5	111° 11"	21° 72"	6.42	11.71	6.31	1
甲线	电网	10	220	交流	4	5	111° 09"	21° 81"	6	9.69	6.42	1
甲线	电网	11	220	交流	5	6	111° 12"	21° 89"	7.19	9.06	5.6	1
甲线	电网	12	220	交流	5	6	111° 17"	21° 96"	8.38	10.73	5.65	1
甲线	电网	13	220	交流	5	6	111° 22"	21° 04"	8.73	10.52	5.55	1
甲线	电网	14	220	交流	5	6	111° 27"	21° 11"	7.89	8.51	5.76	1
甲线	电网	15	220	交流	6	7	111° 32"	21° 19"	7.29	15.48	5.98	1
甲线	电网	16	220	交流	6	7	111° 37"	21° 26"	7.63	12.13	5.92	1
甲线	电网	17	220	交流	7	8	111° 42"	21° 34"	7.2	6.63	6.06	
甲线	电网	18	220	交流	7	8	111° 47"	21° 41"	8.52	11.79	5.69	1
甲线	电网	19	220	交流	7	8	111° 52"	21° 49"	8.3	10.33	5.65	1
甲线	电网	20	220	交流	7	8	111° 57"	21° 56"	7.97	28.16	5.79	1
甲线	电网	21	220	交流	8	9	111° 62"	21° 64"	7.46	18.6	5.68	1
甲线	电网	22	220	交流	8	9	111° 66"	21° 71"	8	7.58	5.86	1
甲线	电网	23	220	交流	8	9	111° 71"	21° 79"	7.23	12.7	5.61	1
甲线	电网	24	220	交流	9	10	111° 76"	21° 87"	8.89	/	5.65	1
甲线	电网	25	220	交流	9	10	111° 81"	21° 94"	9.92	12.83	5.34	1

图 4－58　查询和更新输电线路激光点云数据

输入的数据包括“输电线路名称”、归属的“省域”“采样点编号”“电压等级”“经度”“纬度”信息、导线“对地线距离”“对树冠距离”“相间距离”“坡度”“年均气温”“年均湿度”“可燃物燃烧热值”“可燃物载量”和“海拔”等，数据类型和来源见表4-23所示。其中，激光点云数据沿输电通道线路为采样对称中心从首基杆塔纵向延伸100m为一个采样样方，即激光点云数据在输电通道上的分辨率达100m。

表4-23　　　　　　　　　　　数据类型及来源

数据来源	参数	类型
激光点云	电压等级	线路本体参数
	导线对地距离	
	导线对树冠距离	
	相间距离	
	导线对地线距离	
	植被类型	下垫面参数
	坡度	
	坡向	
国家卫星气象中心	可燃物载量	气象参数
	年均温度	
	相对湿度	
	海拔	

软件自带的"查询和更新输电线路激光点云数据"功能可以实现相应的信息的增加、查询和更新。并根据输电线路绝缘击穿风险模型，计算不同火焰桥接方式下的线路绝缘击穿风险，综合计算了输电线路山火跳闸风险。最后，根据计算的风险值大小进行风险等级分级，分级标准见表4-24。

表4-24　　　　　输电线路山火隐患风险等级分级标准

风险等级	判识依据（P_D，P_J）	示例
一级风险	[0, 2/3)	
二级风险	[2/3, 5/6)	
三级风险	[5/6, 1)	
四级风险	[1, ∞)	

在"绘制输电线路山火隐患分布图"功能的子界面（见图4-59）上可以选择显示"绘图范围""电压等级""标题""故障数据"等信息，然后点击"绘制

输电线路山火隐患分布图",即可绘制相应的输电线路的隐患分布。

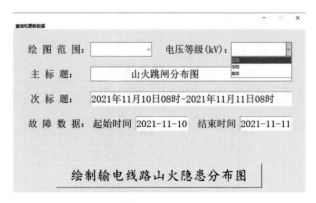

图 4-59 "绘制输电线路山火隐患分布图"功能页面

4.4.2 输电线路山火在线监测装置布点规划

随着 3S 技术的发展,卫星遥感可以实现高时空分辨率下的山火热点识别与监测告警。目前投入山火运维工作的气象卫星分为极轨卫星和静止卫星。但是极轨卫星每天只能在特定时间通过目标监测区域,时间分辨率较低;而静止卫星虽然可以实现 24h 无间断的山火监测,却由于对地距离和角度的限制存在大量的监测盲区和分辨率低等问题,造成山火漏判导致局部区域的地表状况监测失效。为立体化、多层次化电力系统山火防治水平,弥补卫星遥感监测地表火情的局限性,需在局部输电线路走廊架设山火在线监测装置以提高输电线路山火告警准确性。

1. 在线监测装置布点规划指数指标

山火在线监测装置主要是为了弥补卫星遥感的监测盲区而安装。在确定布点规划时,需要以卫星的监测规律,确定监测盲区,并且综合考虑输电线路的重要性以及山火发生的概率风险,兼顾在线监测装置的监测特点,使用尽可能少的在线监测装置监测更多更广的高风险区域。

(1)卫星监测盲区分布。卫星山火监测效果易受山体地形遮挡、坡度坡向、卫星观测角度等引起的卫星观测盲区影响,发生漏报现象。通过研究 Himiwari-8 卫星和地形(海拔、坡度、坡向)的几何关系,结合高精度高程、坡度和坡向数据，分析卫星山火热点监测在研究区域的盲区分布规律。

相对广东省和海南省地区，云南省、贵州省和广西壮族自治区卫星监测盲区存在较多的监测盲点。这是因为由于 Himiwari‐8 卫星位于日本国土上空，距离该处较远，卫星监测视角更小。并且由于高原地形的存在以及喀斯特地貌的影响，地势高低起伏不平。这两方面因素共同导致了西部和西北部地区卫星监测存在大量的盲区。

（2）输电线路电压等级分布。通常输电线路的电压等级越高，传输功率就越大，一旦出现发生跳闸事故波及的范围也就越广。为简化计算，利用线路的电压等级代表线路的重要度，对电网境内 110、220、500kV 及以上的输电线路进行统计和预处理。值得注意的是，由于输电线路在东西、南北方向贯通，不可避免地存在线路的交叉现象。若在交叉位置发生山火且诱发跳闸事故，则两条次输电线路所连接区域供电都存在潜在的负面影响。因此，额外考虑部分线路存在的重点交叉跨越区段以及对于电网稳定性极为重要的输电线路进行评价。

（3）输电线路山火风险分布。基于贝叶斯算法利用山火影响因子进行分级计算山火风险分布。然后基于输电线路的台账信息，根据地理坐标位置将每一级杆塔进行山火风险等级赋值。

2. 山火风险隐患指数构建和分析

选择了静止卫星监测盲区、输电线路电压等级和山火风险三个指标，构建山火风险隐患指数 Y：

$$Y = \alpha X_1 + \beta X_2 + \gamma X_3 \qquad (4-85)$$

式中　X_1、X_2、X_3——山火跳闸风险指标、卫星监测盲区指标和输电线路电压等级指标；

　　　　α、β、γ——各指标的权重。

考虑到决策者对于不同山火风险隐患指标的侧重点不同，进而影响到在线监测装置的安装。为此，集结若干名电力系统防灾减灾专家对各指标的重要性进行评估打分，并采用层次分析法确定各个指标的综合权重。

层次分析法是一种定性和定量相结合的、系统化、层次化的分析方法。根据问题的特点和目的，从一个决策问题出发提取出不同的影响指标，并根据指标之间的关系（关联或从属），将各指标分为不同的层次（目标层、准则层、方案层）。通过构造判断矩阵，由下至上求出每一层指标相对于上一层对应指标的单层排序，然后运算得出每层指标的层次总排序。利用层次分析法可以使得复杂问题变得具有条理，更容易进行分析，适用于解决多指标的决策问题。具体流程如下：

（1）根据层次结构中的从属关系，邀请专同一层次的指标两两进行重要性的比较，即采用 1~9 标度法对各层指标的重要性程度进行赋值，构建判断矩阵。判断矩阵标度所代表含义见表 4-25。

表 4-25 判 断 矩 阵 标 度

尺度	含　　义
1	两个元素相比，具有同等重要性
3	两个元素相比，前者比后者稍重要
5	两个元素相比，前者比后者明显重要
7	两个元素相比，前者比后者强烈重要
9	两个元素相比，前者比后者极端重要
2，4，6，8	上述两相邻判断的中间值
倒数	若指标 i 与指标 j 的重要性之比为 m_{ij}，则元素 j 与元素 i 的重要性之比为 $m_{ji}=1/m_{ij}$

（2）通过判断矩阵计算出指标的权重向量与最大特征根后，由于判断矩阵的评分是根据专家的主观经验求得，不可避免地会出现决策失误或结果片面的情况。因此需要对判断矩阵进行一致性检验，证明评估结果的正确。具体检验验证方法如下：

$$CI = \frac{\lambda_{\max} - n}{n - 1} \tag{4-86}$$

$$CR = \frac{CI}{RI} \tag{4-87}$$

式中　CI——一致性指标；

$\lambda_{\max}$——判断矩阵的最大特征根；

n——判断矩阵阶数；

RI——平均随机一致性指标，通过查表得到（见表 4 - 26）；

CR——随机一致性比率。

当 $CR<0.1$ 时，则认为判断矩阵的一致性可以接受；否则需要对判断矩阵进行修正。

表 4 - 26　　　　　　　　　RI　取　值　表

n	1	2	3	4	5	6	7	8	9	10	11
RI	0	0	0.58	0.90	1.12	1.24	1.32	1.41	1.45	1.49	1.52

以问卷调查的方式得到他们各个评价因子的打分、领域从业时间、打分时的自信程度，以及打分过程中依据等信息。去掉专业不符合以及一般自信的数据，然后根据他们的学历和从业时间分别赋予不同权数。得出各指标的评分值进行归一化，构建的得分构造判断矩阵 A 如下：

$$A=\begin{bmatrix} 1 & \frac{1}{3} & 2 \\ 3 & 1 & 4 \\ \frac{1}{2} & \frac{1}{4} & 1 \end{bmatrix}$$

矩入算法程序中获得最大特征值以及对应的权向量。得到最大特征值 $\lambda=3.01$，权向量 $w=(0.33，0.43，0.24)$。经过一致性检验，得到一致性指标与随机一致性指标。

一致性指标为

$$CI=(3.01-3)/(3-1)=0.005 \tag{4-88}$$

随机一致性指标为

$$RI=0.58 \tag{4-89}$$

计算得到一致性比率为

$$CR=0.005/0.58=0.0086<0.1 \tag{4-90}$$

说明该得分矩阵符合要求，所得的权数可用。最终获得的山火风险隐患指数 Y 为

$$Y=0.33X_1+0.43X_2+0.24X_3 \qquad (4-91)$$

输电线路山火风险隐患指数分级情况见表 4－27。

表 4－27 　　　　　　输电线路山火风险隐患指数分级情况

等级	一级	二级	三级	四级
山火风险等级 X_1	低风险	中风险	中高风险	高风险
卫星监测盲区 X_2	否	—	—	是
线路电压等级 X_3	110kV	220kV	—	500kV 及以上

山火风险隐患指数分级共有 24 种组合方式，其中包含 12 种高风险情况（三级与四级），见表 4－28。

表 4－28 　　　　　　山火风险隐患等级列表

山火风险等级	卫星盲区等级	线路电压等级	山火风险隐患指数	山火隐患等级
1	1	1		一级
1	1	2	1.24	一级
1	1			二级
1	4	1	29	二级
1	4	2	2.53	三级
1	4	4	3.01	三级
2	1	1	1.33	一级
2	1	2	1.57	二级
2	1	4	2.05	二级
2	4	1	2.62	三级
2	4	2	2.86	三级
2	4	4	3.34	三级
3	1	1	1.66	二级
3	1	2	1.9	二级
3	1	4	2.38	二级
3	4	1	2.95	三级
3	4	2	3.19	三级
3	4	4	3.67	四级
4	1	1	1.99	二级
4	1	2	2.23	二级
4	1	4	2.71	三级

山火风险等级	卫星盲区等级	线路电压等级	山火风险隐患指数	山火隐患等级
4	4	1	3.28	三级
4	4	2	3.52	四级
4	4	4	4	四级

通过收集电网 110kV 及以上电压等级线路的经纬度信息、电压等级信息、山火风险等级信息和静止卫星监测盲区信息，求解山火风险隐患指数，用于评估辖区内线路的山火风险隐患等级。

由山火风险隐患等级分布与输电线路杆塔山火风险隐患评估值可发现，五省地区 500kV 及以上线路处于静止卫星监测盲区。对四级（高风险）山火风险隐患等级进行统计发现，绝大多数杆塔位于云南电网，贵州电网有限责任公司与中国南方电网超高压输电公司占比也较高。高山火风险隐患区段分布见表 4-29。

表 4-29　　　　　　　　高山火风险隐患区段分布

指标	指标水平	个数	占比
位于监测盲区	是	349	100.00%
	否	0	0.00%
山火风险等级	中高风险	83	23.78%
	高风险	266	76.22%
电压等级	220kV	97	27.79%
	500kV 及以上	252	72.21%

3. 山火在线监测装置安装的基本原则

输电线路山火在线监测装置的选型应遵循实用、适用和需要的原则，其安装及选型原则主要包括以下几点：

（1）在线监测设备不能影响输电线路电气性能的可靠性，且必须满足输电线路的电晕要求和无线电干扰要求；

（2）在线监测设备不能影响输电线路的机械性能可靠性，设备不能成为线路的结构薄弱点，为线路正常运行埋下事故隐患；

（3）山火在线监测设备应充分考虑线路运行人员的高空作业环境，安装方式必须简单、方便、可靠；

（4）在线监测设备必须能够长期稳定运行，能抵抗输电线路的高电磁场环境，防潮密封良好，可以应对雨雪等恶劣气候；

（5）在线监测数据传输及存储必须符合相关接入标准，能正常接入在线监测平台。

除此之外，考虑到在线监测装置采用图像视频进行监测数据的传输，其安装位置需尽可能处于杆塔端顶，通过 360°旋转云台在没有山体、植被遮挡的情况下可实现 3km 的监测半径。为降低山火在线监测装置使用与推广的经济成本，应尽量使在线监测装置的使用达到其监测半径。即考虑计算位于同一线路的全高风险的杆塔档距，进一步精简装置的数量，杆塔之间距离 D 的计算方法如下：

$$D = \arccos[\sin(l_{a1})\sin(l_{a2}) + \cos(l_{a1})\cos(l_{a2})\cos(l_{o1} - l_{o2})]R_0 \qquad (4-92)$$

式中，杆塔 1 和杆塔 2 的经纬度坐标分别为 (l_{o1}, l_{a1}) 和 (l_{o2}, l_{a2})，以弧度制表示。R_0 为地球半径，取 6371km。

经计算与距离筛查，最终采取以下策略选择监测装置安装位置：

（1）关键重要线路三级及以上隐患点山火在线监测装置全覆盖。

（2）实现输电通道环境视频监控无盲区全面监测，枪机摄像头每 2 基杆塔至少安装 1 套，球机摄像头每 3 基杆塔至少安装 1 套。

（3）优先选用 AI 前端智能识别视频监控装置，通道走廊火情可通过前端或监控中心后台实时智能预警。

对目标区域电网的关键重要线路、同走廊以及山火风险隐患指数为三级和四级的线路进行山火在线监测装置的安装布置，累计装设山火在线监测装置 18859 套，实现了山火在线监测装置全覆盖。

4.4.3　输电线路山火隐患区段评估及隐患清理

对重点输电线路线路开展山火隐患评估确定隐患区段，并开展隐患清理工作。对于高压输电线路采用树障隐患清理降低输电线路山火跳闸风险；对于经过山区的低压线路可以进行低压裸导线绝缘化改造，提升低压线路的抵御火灾的能力。

1. 林区输电通道激光点云扫描全覆盖

无人直升机系统包含飞行平台和地面测控车，飞行平台可同时搭载可见光相机、激光雷达、红外相机、紫外相机等多种传感器。根据激光雷达扫描环境信息，规划无人机的自动驾驶航线，使无人机高精度的实现对输电线路扫描。无人直升机飞行平台结构如图 4 - 60 所示，无人直升机地面系统结构如图 4 - 61 所示。

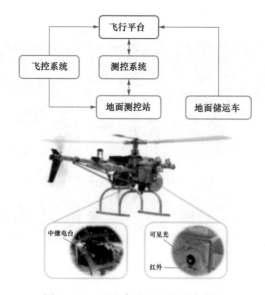

图 4 - 60　无人直升机飞行平台结构

图 4 - 61　无人直升机地面系统结构

无人机按照巡检指令，通过全网北斗基准站，实现无人机位置精确定位（定位精度厘米级）。同时，对架空输电线路开展快速通道扫描，结合三维点云快速还原技术与融合多源时空地理信息的输电通道特征智能识别方法，对输电通道空间距离以及典型树种进行判识，获取导线"对地线距离""对树冠距离""相间距离"激光点云数据，用以开展输电线路山火隐患评估。基于无人机的激光雷达点云扫描如图4-62所示。

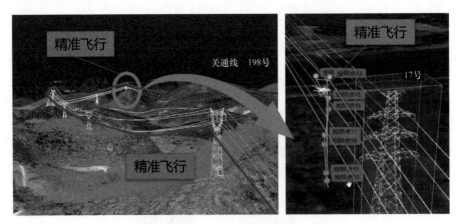

图4-62 基于无人机的激光雷达点云扫描

2. 输电线路山火隐患区段评估

根据国家能源局及南方电网的工作要求，加强输电通道运维，强化风险评估和隐患治理，严控新增输电通道，积极采取网架优化措施消除存量，严防输电通道大面积停电事件，最大程度减轻断面丧失对国民经济的影响。运用4.3节输电线路山火隐患评估模型，对典型16条次重点关键线路和输电通道开展山火跳闸隐患计算与分析。下面以某220kV线和500kV线为例，进行展示。

（1）某220kV线路。该220kV线路自西向东延伸，输电走廊发生山火时最大火焰高度如图4-63所示。在靠近线路末端的杆塔附近发生山火时，火焰高度较高，可达到5m左右，如69～71基杆塔区段，其余杆塔火焰高度均在2m以下。

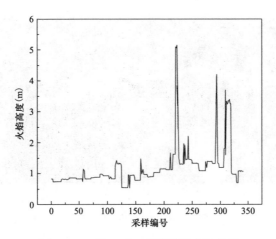

图 4 - 63　某 220kV 线路沿线火焰高度

该线路对应的山火隐患值如图 4 - 64 所示，大部分线路山火隐患值位于 0.4～0.6，较为安全。但杆塔区段 39～40、94.94、95～96、57～58 均有采样点山火隐患较高，需重点关注。主要原因是线路对树冠距离较低，在 4m 以下，较多处于 1～2m，因此，需定期清理植被，降低线路山火隐患。

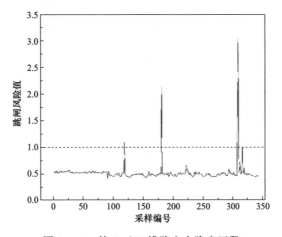

图 4 - 64　某 220kV 线路山火隐患区段

线路山火隐患分布如图 4 - 65 所示，线路首端杆塔区段在本线路中风险值较高，具体为杆塔区段 1～30。在巡线时应优先重点巡查，排除山火跳闸隐患。

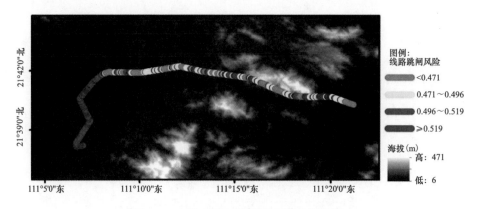

图 4-65 某 220kV 线路山火隐患分布图

（2）某 500kV 线路。该 500kV 线路自北向南呈延伸，输电走廊发生山火时最大火焰高度和山火隐患如图 4-66 和图 4-67 所示。火焰高度在 1～5m，山火隐患基本位于 0.8～0.9，高于 220kV 线路。线路山火隐患分布如图 4-68 所示，线路跨过非陆地区域可能为海拔图层的误差导致。500kV 线路受火焰影响较小，风险波动较小，分布较为均匀。

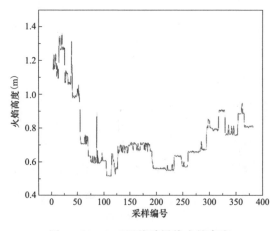

图 4-66 500kV 线路沿线火焰高度

3. 输电线路山火隐患区段清理

对林区重点输电通道的隐患区段，进行树障隐患清理，降低通道内山火隐患事故概率；对三、四级区域的配电网低压裸导线开展绝缘喷涂改造计划，以降低火焰对导线绝缘性能的影响。

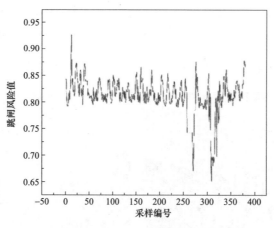

图 4 - 67　500kV 线路跳闸风险

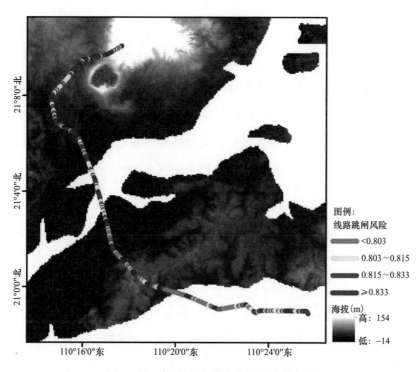

图 4 - 68　某 500kV 线路跳闸风险分布图

（1）树障隐患清理。当架空输电线路通道内存在树障隐患时，通常都是由于导线对下垫面树安全距离不足，或者下垫面植被可燃物富集所导致，如图4-69所示。因此，大力开展直升机、无人机通道隐患快速扫描作业，全面提升线路通道树障隐患排查效率和准确性，做好通道树障隐患排查，准确掌握树障信息，建立树障隐患台账。

图4-69　线路通道树障隐患典型示例

同时考虑不同种类的植物在不同月份的生长趋势，针对性地加强巡视，重点关注桉树、竹子（笋）等。并在通道周边进行树障隐患排查时，应根据地形、导线风偏、树木高度计算出树木砍伐或倾倒时与线路最小距离，及时排查出通道周边可能导致因安全距离不足引发设备放电、跳闸的超高树隐患风险。

（2）配电网低压绝缘裸导线改造。架空裸导线在山火灾害下极易发生山火跳闸事故，对人民群众的人身财产安全以及电网稳定性产生较大损害。绝缘化改造在有效提升架空裸导线的环境适应力的同时，也维护线路导电性能和耐腐蚀性能等特性。架空裸导线绝缘化改造主要方式为：在原有架空裸导线表面增加额外的绝缘层，其优点在于不需要更换原有设备，成本较低、容易大规模推广。在架空线路运维的实践中，通过额外增加绝缘层的方式，提出了架空裸导线绝缘喷涂改造的方法。低压裸导线绝缘喷涂如图4-70所示。

为了便于绝缘化喷涂作业的有效开展，有效强化输电裸导线的保障效果，可以采用绝缘喷涂机器人作业，针对各项工作环节加以有效控制。

1）设计好导线位移装置。机器人导线位移装置在绝缘化喷涂机器人的设计过程中占据重要地位。在请求机制的作用下，能够实现滚动、跨越、爬行，并

图 4 - 70 低压裸导线绝缘喷涂

有效避开相应障碍物。合理控制导线位移装置，在其末端的空间方面加以良好调整，避免其自由度较大的情况，实现解耦控制目标。发挥高精密喷涂机器认的运动角度控制作用，推进整个机器人的良好运行。

2）合理选择相应的传动方式。使用同步轮轴传动方式，在皮带连接的方式下，实现驱动轮和电机轴的高速运转，推进绝缘化喷涂机器人的有效运行。将驱动带轮和电机轴进行直接连接，确保动力的直接传送效果，避免动能损耗情况的出现。同时还能够积极使用同步紧张装置机构，提升整个绝缘化喷涂机器人系统的平衡效果。绝缘化喷涂机器人实际行走活动进行中，使用三形轮结构，为其有效运行提供重要动力支持。

3）强化导航越障系统的总体应用效果。全面分析绝缘化喷涂机器人的各项系统，研究其在越过障碍物方面的能力。使用双轮结构加以设置，这样输电导线实际运行过程中，如果遇到障碍物，首先，可以及时发挥三个轮的优势，将其和导线查抓紧力进行充分结合，强化导线的握紧效果；其次，可以适当抬高绝缘化喷涂机器人的本体，从而良好跨越相应的障碍物。

绝缘喷涂机器人作业如图 4 - 71 所示。

图 4-71 绝缘喷涂机器人作业

4.4.4 本节结论

（1）开发了输电线路山火风险分布图绘制软件和输电线路山火隐患分布图绘制软件，绘制了南方电网管辖范围的山火风险分布图。

（2）结合输电线路山火风险、输电线路山火隐患和卫星监测盲区分布图，实现关键重要线路三级及以上隐患点山火在线监测装置全覆盖。

（3）开展无人机巡线，实现林区裸导线激光点云扫描全覆盖。并对重点线路进行了输电线路的山火隐患评估，确定了隐患区段，以开展隐患清理工作。

4.5 本 章 小 结

（1）基于朴素贝叶斯网络构建最优输电走廊山火风险评估模型并绘制了山火风险分布图，对火点的判断准确率为 85.03%，以指导灾前运维工作。

（2）基于融合多源时空地理信息，提出了适应于南方电网的典型树种识别算法。根据输电通道空间距离和典型树种判识，获取了导线"对地线距离""对树冠距离""相间距离"激光点云数据，用以开展输电线路山火隐患评估。

（3）根据激光点云扫描输电走廊线路本体、地表环境数据，结合区域内年均气象数据，求解了极端条件下的火焰行为参数，并优化了"三段式"输电线路山火跳闸风险计算模型，用以评估长期条件下输电通道各区段的绝缘击穿风险。

（4）开发了输电线路山火风险分布图绘制软件和输电线路山火隐患分布图绘制软件，绘制了南方电网管辖范围的山火风险分布图。以指导山火在线监测装置布点规划与输电线路山火隐患区段评估，实现关键重要线路三级及以上隐患点全覆盖与林区裸导线激光点云扫描全覆盖，同时开展隐患清理工作。

第 5 章 输电线路山火监测与决策支持系统

现有的电网防山火应急工作多依赖于卫星遥感数据和人工巡视，往往存在山火监测告警精度低、效率低、成本高等缺点。而在山火应急指挥决策中，也缺乏信息集成度高、功能综合性强的辅助决策系统。为了有效支持公司防山火应急指挥，提升公司应对山火的预控能力，基于 Web GIS 平台，深度融合了气象信息、电网地理信息、设备生产信息、运行信息、在线监测信息、视频监控信息等七大类信息源，建设了"输电线路山火监测与决策支持系统"。系统按照"应急一张图"的设计思路，贯穿"灾前防、灾中守、灾后抢"三大环节，实现了灾害预测、灾情监测、设备预警、评估分析四大类功能，并以 Web GIS 的形式构建了全景式的综合监控平台，可为公司应急指挥、设备生产运行管理等提供一站式山火应急服务。

5.1 山火监测与决策支持系统架构

系统基于先进的微服务技术架构，把单体应用拆分为若干服务程序，消除了"单体应用"的弊端。该系统基于独立构建、独立部署、独立扩展的服务程序，有清晰的功能边界，可用多种编程语言实现，分属多个团队管理。在建设微服务平台的过程中，项目着力提高平台监控能力，增强平台的可靠性和可用性，并制定系统页面、系统编码、系统数据、系统访问、系统安全的相关标准和规范等功能，显著提升了系统建设能力和运维管理能力。

系统架构分为数据层、平台层与应用服务层，如图 5-1 所示。系统通过接入电网生产、运行、天、空、地等多源监测数据，建设电网灾害综合监测、卫星数据综合接收处理、电网数值气象预报等支撑平台，充分利用云计算、大数据、物联网、移动互联网和人工智能等先进技术，为电网应对山火灾害提供全过程的监测预警技术服务。

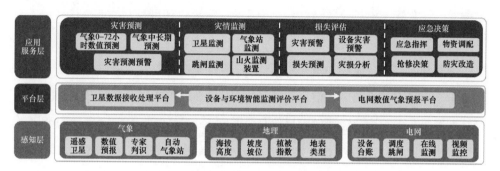

图 5-1　山火监测与决策支持系统架构图

5.1.1　设计原则

在设计输电线路山火监测与决策支持系统架构中，为了提高系统功能的有效性、可靠性以及统一性，项目提出了独立性、伸缩性、统一性、规范性、集成性以及安全性六项设计原则：

（1）独立性：以分布式微服务架构重构整合各业务系统，对原有独立的各应用子系统纵向及横向切分，将应用功能服务模块粒度细化及解耦，每个服务均可独立部署、独立维护、独立扩展。

（2）伸缩性：系统应具备良好的横向及垂直扩展能力，功能模块解耦，可自由增减，添加功能模块不应影响现有业务运行，任何性能瓶颈均可通过增加相应的软硬件资源解决。

（3）统一性：剥离各业务系统共性的部分，统一在平台级进行处理，包括数据访问、安全机制、系统管理等功能服务，集中对各业务系统进行管理。

（4）规范性：规定各业务系统首页样式及展示内容，可以根据业务场景需求自由组合、拼接各业务系统首页展示内容，形成业务场景首页。

（5）集成性：各业务子系统只需要关注本身业务功能实现，所有业务功能模块均可作为服务发布到服务注册中心，交由平台统一管理，根据业务场景需求自由组合各业务子系统功能模块。

（6）安全性：所有的业务功能模块均通过智能化网关对外发布服务，系统仅有网关作为综合数据网唯一入口，通过安全拦截限制对各业务模块的访问，集中式的安全管控相对分散到各专业子系统而言要更加可控。

5.1.2 微服务平台架构

微服务应用平台架构如图 5-2 所示，当微服务应用启动后，Eureka（服务注册中心）将主动检测应用信息并进行注册，微服务应用在启动和运行过程中，可从配置服务中心读取需要的配置信息，并在 Eureka 看板中显示启动的微服务应用的相关信息，当用户使用 Http、Https 等通信协议通过服务网关访问微服务功能时，Zuul（网关组件）将解析 Url 信息，判断用户访问权限，并转发到相应的微服务应用，同时微服务应用之间可以相互调用，可以通过 Hystrix（断路器）处理异常和阻塞，并能在 Hystrix 看板中查看相应断路信息，最后微服务集群分布的调用可以通过 Ribbon（负载均衡库）进行负载均衡分发。

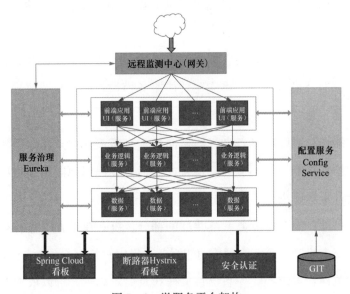

图 5-2 微服务平台架构

5.1.3 系统功能结构

微服务平台系统功能划分为服务治理、平台配置、平台管理、服务网关、统一数据服务、4A 系统接入、分布式缓存和系统监控。系统功能结构体系如图 5－3 所示。

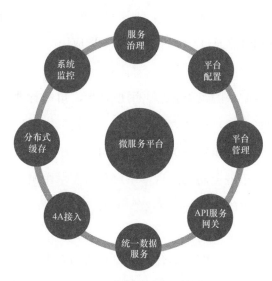

图 5－3 系统功能结构体系

1. 服务治理

微服务平台具有服务治理功能，基于 Eureka 服务治理协议的 Eureka Server 所提供的服务注册中心，作为 Eureka Client 的微服务节点启动后，会立即向 Eureka Server 中进行注册，Eureka Server 存储并维护所有微服务节点的信息，可以在 Eureka Server 的管理界面中查看服务节点信息。

微服务应用在运行周期中，会定期向 Eureka Server 发送心跳，如果 Eureka Server 在多个心跳周期内没有接收到某个节点的心跳，Eureka Server 将会从服务注册表中把该服务节点移除。

多个 Eureka Server 构成服务集群，它们之间通过复制的方式完成数据的同步，确保了系统的高可用性、灵活性和伸缩性。

2. 平台配置

在微服务架构中，每一个功能模块可看作相互独立的服务功能，当需要完成一次请求，系统将调用多个服务功能协调完成，因此需设立配置中心，统一管理服务配置。使用 Spring Cloud Config（服务配置中心），将配置文件集中放置在 Git 仓库中，启动 Config Server 来管理所有的配置文件，当系统维护并要求更改配置时，只需要在本地更改后，推送到远程仓库，并且作为 Config Client 运行的微服务实例均可以通过 Config Server 获取应用配置。

3. 平台管理

微服务平台提供统一的组织管理、用户管理、角色管理、菜单管理和 API 资源管理等一系列平台级功能，为平台的统一鉴权提供基础功能。融合接入微服务平台的业务系统，提供统一的用户、组织、菜单、权限等公用功能，使得各业务系统只需专注于业务功能实现，用户只需登录微服务平台，即可按照平台配置的权限访问相关的业务系统或业务模块。

4. 服务网关

在微服务架构中，网关可以结合注册中心的动态服务发现，实现对后端服务的发现，调用方只需要知道网关对外暴露的服务 API（应用程序编程接口）就可以透明地访问后端微服务。采用微服务架构模式，单体应用被切割成多个微服务，服务网关提供系统的唯一访问入口，封装了系统内部架构，同时提供如身份验证、统一鉴权、调用监控、负载均衡等功能。

5. 统一数据服务

统一数据服务为系统提供通用的数据服务，各业务服务实例可以根据业务需求，在权限控制范围内通过提交 SQL 方式获取业务数据。

6. 分布式缓存

将数据存储在缓存中能够显著地提高应用的速度，缓存能够降低数据在应用和数据库中的传输频率。微服务平台基于 Apache Ignite 提供分布式数据缓存服务。Apache Ignite 允许将常用数据储存在内存中，均匀地将数据分布式到整个集群的主机上，以提供快速数据访问，Apache Ignite 提供包括 Aside、Read - Only 和 Write - Through 等多种形式的缓存服务。

7. 系统监控

微服务平台使用 Spring Boot Admin 监控微服务应用的运行状态，使用

Hystrix Dashboard 监控查看微服务应用接口的运行状态和调用频率。

Spring Boot Actuator 提供了对单个 Spring Boot 的监控，包含应用状态、内存、线程、堆栈等，借助 Spring Boot Actuator 能够比较全面的监控了 Spring Boot 应用的整个生命周期。Spring Boot Admin 借助 Actuator 接口完成系统监控。Hystrix‐Dashboard 主要用来实时监控 Hystrix 的各项指标信息，它可以帮助我们快速发现系统中存在的问题。

5.1.4　部署架构

系统部署在远程中心域网内，属于安全生产大区的Ⅲ区。根据系统架构的设计，应用服务器采用集群模式集中部署，并统一访问统一数据平台数据库集群服务器。需要集成的原有各管理系统均保持原有部署架构不变，并通过集中管理的方式统一到微服务平台，把既有管理系统数据和功能逐步融合到平台中。和公司各管理系统的数据交换，通过集中的数据交换平台实现。在人机交互上，通过 WEB 模式直接访问系统应用服务器。

5.2　系　统　功　能

5.2.1　系统简介

（1）系统登录页。登录网络环境要求为接入公司内网的办公电脑，登录公司的电网管理平台，通过"业务系统"→"电网生产监控指挥中心"进入系统，系统登录界面如图 5‐4 所示。

图 5‐4　系统登录界面

（2）系统首页。输电线路山火监测与决策支持系统首页采用 Web GIS 方式实现直观、明确的信息展示。系统总共包括三个功能分区，分别为功能导航区、监测看板区、全景地图区。整个系统以全景地图区中心，辅以各类功能窗口，实现功能导航区、监测看板区与全景地图区联动，集中展示以设备为中心的山火灾害监测预警及应急辅助决策等信息。

5.2.2　基于多类型灾害因子的电网多源异构数据融合

（1）数据统一建模。接入电网防灾相关七大类系统数据，包括电网管理平台、调度自动化、设备在线监测、视频监控、机巡作业和外部气象等系统，包括 86 类数据类型，如图 5-5 所示。

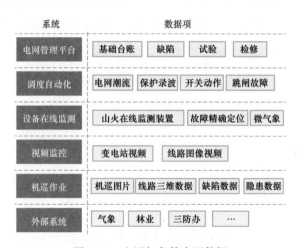

图 5-5　电网气象等多源数据

对不同电网、气象数据开展统一建模，包括设备监测数据、设备资产数据和环境监测数据，其中气象数据已接入 11 类共 5428 个气象监测点信息，主要包括线路故障精确定位装置 3282 台，山火在线监测装置 1.83 万套，地面气象站 1300 座、微气象监测装置 278 套、卫星 11 颗等，构建了 1km 精细空间网格、10 分钟高频时间周期的空地融合的广域精细化山火监测网。

（2）数据自组织规范化采集。

1）源系统数据权重分级。数据从体系上而言，分为模型数据（一般也可以称为主数据）、实时数据、事件数据和时序数据。其中模型数据描述电网逻辑构成、实际安装的物理设备及为其配置的监测装置和监测量，可以大致概括为电力系统资源（power system resource）、物理设备（asset）及附着于其上的量测量、监测量；实时数据则是量测和监测量的实时取值；在有需要注意的情况或操作发生时，产生事件数据；实时数据沉淀形成历史数据。这些数据由多个源系统提供，在数据汇集前，首先确定针对分类数据的源系统权重级别。

安全生产管理系统按照 IEC 61970《Energy management system application program interface》和 IEC 61968《Application integration at electric utilities - System interfaces for distribution management》标准建立电网及对象台账数据，遵循南方电网设备台账规范建立的数据按照层级型式管理，结构清晰，数据全面。安全生产管理系统具有电网资源、设备基础信息的最高权重；调度运行领域的能量管理系统支持电网调度控制，电网运行设备之间的关联关系经过电网潮流分析、调度控制策略分析等多种高级应用的检验，因而在电网模型的拓扑连接部分具有最高的权重；监测点数据源于各类输变电设备状态监测系统（合并到监测通道描述文件），表 5-1 给出按 UCMM 大类划分的数据权重分级情况。权重分级决定了指定大类的对象数据汇集的次序及参数互校的提示策略。

表 5-1　　　　　　　　　　　数 据 权 重 分 级 概 况

数据大类	1级（最高）	2级	3级
电力系统资源	安全生产管理系统	能量管理系统	
设备台账	安全生产管理系统	能量管理系统	
设备位置	安全生产管理系统	能量管理系统	
电网拓扑	能量管理系统		
保护台账	安全生产管理系统	保护信息系统	
监测点	各类监测系统		
电网运行量测	能量管理系统	广域测量系统	安全生产管理系统
试验报告	安全生产管理系统		
缺陷报告	安全生产管理系统		
监测数据	各类监测系统	能量管理系统	
气象数据			

续表

数据大类	1级（最高）	2级	3级
环境数据	各类环境监测系统，包括变电站监测、山火监测、雷电监测等		
细化技术参数	安全生产管理系统	能量管理系统	各类监测系统

多源数据汇集即是完成数据从多个源业务系统获取、并规范化置入系统的过程。权重分级为对象数据自组织提供了源系统划分标准。数据汇集任务根据主源和补充源的配置信息实现数据的有序汇集和规范化。

如果采用某个系统中的对象及其特征属性作为在输变电设备状态监测中心中创建对象的基础，那么这个系统称为主源系统。在主源创建平台建立对象之后，通过补充源系统中的数据为已建立的对象补充属性、关联及附属数据，在此过程中，对数据取值差异进行智能识别、根据权重和数据差异程度进行自动处理或报请人工干预。人工干预的结果可以形成供下次数据汇集使用的强制映射、转换规则。

多源数据汇集通过数据抽取、转换、载入过程完成。在过程中，可通过工具配置自组织转换规则；编写专门的转换软件；部分人工干预、结合转换软件实现数据汇集等技术方法。其中，大量的数据汇集、标准化转换由转换规则与转换软件自主汇集，少量无法确定转换规则的数据通过人工干预汇集到系统。多数据源数据汇集过程示意如图5-6所示。

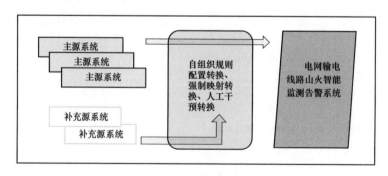

图5-6 多数据源数据汇集过程示意

数据汇集的输入端包括各个系统的数据库、标准化接口（含符合标准的文件如 CIM/XML 模型文件、E 格式数据文件等等），出于标准化考虑，汇集写入系统直接使用系统内置的标准化通用数据访问（generic data acquisition，GDA）接口。

主源、补充源系统及输变电设备状态管控大数据平台中对同一对象的标识，构成全局索引的对象标识交叉引用体系。该体系直接服务于主源数据汇集、补充源属性附着、数据来源追踪、数据汇集增量更新等。

2）数据自动合并。主源系统通常是指采用能量管理系统或生产管理系统等内含描述电网逻辑模型的系统，主源系统的导入先于其他源系统。针对多个源系统，由多个数据迁移任务协同完成数据导入和合并（见图 5-7）。接入体系能够使用的源数据格式包括：CIM XML 文件、E 文件、其他文本文件格式；在安全审核通过的情况下，能够直接对接源系统的数据库；同时必须具备能够直接访问源系统 CIS 接口，通过通用数据访问接口（generic data acquisition，GDA）获得模型数据。

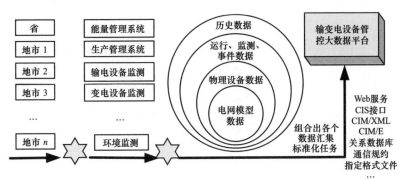

图 5-7　多源数据多任务汇集

主源系统导入之后，其他系统中包含的模型部分在导入的过程中，建立与主源系统中对象的关联，并且丰富主源系统缺失的属性、量测对象定义等。在这个过程中，数据的合并处理得以执行。通过对数据的拼接匹配，构建一套完整、统一的模型。数据匹配过程中，基于特征属性进行匹配，如电网资源对象最常见的特征属性是规范化的名称，以及对象路径。这部分核心的电力系统资源、设备对象一般称为主对象。

3）数据校验。变电站/线路分块模型数据中包含的其他对象包括电压等级区、间隔、设备、资产等对象，根据构建电网模型基本原则定义以下主要校验规则，对分块模型的完整性进行校验，见表5-2。

表5-2 分块模型数据校验规则

顺序号	校验项	校验规则	处理方法
d1	孤立对象校验	不在电网层次中的PSR、Asset对象为孤立对象	解析全部XML文件，按电网层次倒序查找对象关联，特定关联没有则为孤立对象
d2	主设备间隔缺少主设备	每个主设备间隔一定有对应的主设备。	根据间隔类型分析间隔中是否有对应的主设备PSR对象，如变压器间隔、母线间隔、开关间隔
d3	主设备不在间隔下	每个主设备必定对应一个独立的间隔	查找所有主设备，查看是否在间隔下
d4	缺失电压等级区	220kV及以上变电站至少有两个电压等级区	检查所有变电站电压等级区个数
d5	缺失主变压器间隔	1）一个变电站通常至少包含两个变压器间隔 2）一个变电站内通常变压器序号基本是排列的	如果变压器个数少于2个，则缺失变压器 如果变压器序号中缺失，如果只有1、3主变，则缺失2主变
d6	缺失母线间隔	一个电压等级区下至少有一个母线间隔	检查所有电压等级区，如果没有母线间隔则缺失
d7	关联资产校验	一个功能位置对象至少关联一个资产对象	检查所有功能位置对象是否关联至少一个资产对象，没有则缺失
d8	关联主资产校验	一个功能位置对象至少关联一个对应的主资产对象	检查所有功能位置对象是否关联一个对应的主资产对象，如变压器关联变压器资产
d9	关联相资产校验	一个分相的功能位置对象一定关联A、B、C三个资产对象	所有功能位置对象是关联的资产对象中A、B、C三相资产数量是否一致，不一致则缺失
d10	编码错误	功能位置编码符合南网编码规范	校验功能位置编码，当前对象编码如果与容器编码不一致则错误

续表

顺序号	校验项	校验规则	处理方法
d11	间隔挂载错误	除主变间隔外，其他间隔都应该挂载到电压等级区下	非主变间隔如果没有与电压等级区关联则错误

规范化模型数据主要包括 localName 名称规范化、pathName 名称规范化、经纬度坐标规范化、电压等级属性规范化、编码规范化等。

1）localName 名称规范化：根据 name 或 description 获取无重复无冗余的本地名称，即只有调度号和类型名称信息的名称，如：500kV××站、200kV♯2 主变、1 母线、2202 开关、22021 隔离开关、501317 接地开关。

2）pathName 名称规范化：根据电网层次关系及 localName 组成的路径名称，如：××供电局/500kV××站、××供电局/500kV××站/♯2 主变、××供电局/500kV××站/500kV/5051 开关间隔/5051 开关。

3）经纬度坐标规范化：规范化描述格式全部采用：度°分′秒″N/E，分保留小数点后一位，如纬度：22°44′15.0″N，经度：113°13′37.0″E。

4）规范化编码：将未带区域编码信息的编码头部添加区域码，如 03-06 需要名称规范化的数据类型主要包括：变电站、线路、电压等级区、间隔、变压器、母线、开关、隔离开关、接地开关、电容器、电抗器、交流线段、绕组、杆塔等 PSR 设备。

以对象为单位自组织匹配导入的多个源系统数据。数据匹配普遍采用"电网层次＋调度号"进行匹配的原则。首先规范化厂站、电压等级区、设备的名称，然后组成新的路径名，根据路径名即可将生产、调度数据进行匹配。

例如，平安站/220kV/2 母线其调度数据对象编码为"0303B130000110DAZ81BAM001"，安全生产系统数据编码为，"03-03-B-13000005-0-DA—05-BA—001"进行编码匹配后建立映射关系：0303B130000110DAZ81BAM001←→03-03-B-13000005-0-DA—05-BA—001，将两个对象联系到一起，之后合并属性数据。

因为生产数据、调度数据的匹配主要依赖电网层次及调度号名称进行匹配，在数据接入的过程中主要实现的是建立电网层次关系，以及获取规范化的调度号名称。

整个数据接入过程主要是"分析→规范化名称→匹配接入→再分析→再规范化→再匹配接入"的一个循环过程。因此数据的接入匹配最复杂的是对源数据的分析过程。模型数据的匹配主要分为两大部分，即建立层次关系和规范化名称。建立电网层次关系，由于调度系统、生产系统数据编码遵循的是相应编码规范，因此通过对编码的解析即可建立电网层次关系，如设备属于哪个电压等级区。名称规范，由于不同系统、不同地市的数据都有自己的名称特点，因此在规范化名称时尽量利用各种信息获取调度号名称，如生产数据中部分设备名称只给个"开关"，只能从 pathName 中获取，也有部分 pathName 中没有的，再从 description 中或关联的间隔名称中获取，如"2201 开关间隔"。但是不同地市的数据格式不一定相同，需根据实际情况分析是否有其他命名规范以及是否需要配置规则或开发软件进行特殊匹配处理。

（3）数据网格化。随着地面自动气象站的推广，观测网络的逐步完善，数值预报技术、动力降尺度、滚动更新订正和多数据源集合预报等技术方法的不断发展，气象预报服务产品的精细度有了很大的提高，使得精确度较高、效果较好的电网气象灾害预警成为可能。但是，目前电力企业获取的气象信息多局限在表现气象内容上，没有与电力信息关联融合，无法实现有针对性的电网设备气象灾害预警，气象数据价值没有得到充分的发挥。显然，精细化气象信息不仅需要时间、空间尺度上的提升，同时还须与电网设备信息关联，真正为电网设备气象灾害预警提供科学、有效的基础数据，设备与环境地理信息典型网格数据见表 5-3。

表 5-3　　　　　　　　设备与环境地理信息典型网格数据

数据类别	典型网格数据
电网生产	设备经纬度、隐患等
电网运行	跳闸杆塔、接地电阻等

数据类别	典型网格数据
设备监测	线路微气象监测风速、降雨、温度等
气象监测	预测风速、降雨、温度等
地理信息	海拔、地表覆盖、土壤含水量等
……	……

网格化气象-电力信息关联方案主要有：首先根据经纬度对所在省（市）按精度要求或实际预报能力进行区域网格划分，然后根据 GIS 信息填充网格内的电网设备信息，进而依靠地理逻辑关系实现与精细化气象信息的关联，突破信息孤立困扰，提高预警工作敏捷度，网格精度达到1km。

5.2.3　电网山火灾害综合告警模型

1. 电力系统山火灾害分布特性

通过统计分析山火发生的时间、空间以及致跳闸故障上的分布规律，可获得易山火发生时段和区域，以及输电线路易受灾影响的本体参数指标，为进一步构建山火告警重点防御指标体系，开展针对性的输电线路山火监测告警与运维工作奠定基础。

（1）研究区域与数据源。收集了目标区域 2015—2019 年研究区域历史山火热点和输电线路历史山火跳闸事故统计信息。山火热点数据由国家卫星气象中心提供，主要包含火点发生的时间和相应的经纬度信息；山火跳闸数据来自各地市局统计和反馈，包含了历史山火跳闸事故的输电线路的名称、电压等级、跳闸时间等统计信息。

（2）时间分布特性。分别对历史监测火情数据和山火跳闸数据按月进行统计，得到山火热点发生与山火跳闸事故的时间分布特性分别如图 5-8 所示。

综合 5 年数据统计可知，山火灾害分布具有较强的季节性，冬春季（12 月～次年 4 月）为山火火情与跳闸高发期。2015—2019 年五年期间共监测到火情 6552 次，年均监测火情数达 1310 次，其中 12 月～次年 4 月累计监测火情 5885 起，占全年的 89.82%；五年内共发生跳闸 307 次，年均山火跳闸次数为 61 次。其中发生在 12 月～次年 4 月期间的跳闸事故达 230 次，占总发生次数的

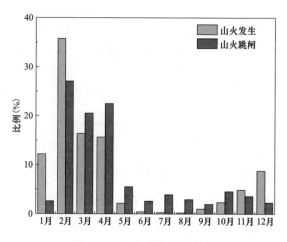

图 5-8 山火受灾月度分布

74.92%。造成冬春季山火与山火跳闸高发的主要原因是一方面冬春季节气候干燥，农作物和林木植被指数低，且冬季偏低的降水量和大风天气导致地表植被的含水量较低。一旦存在自然或人为火源，极易引发火灾；另一方面，引发山火的火源90%以上为人为野外用火。而在冬春季节，包括春节时期庆典与祭祖、春耕时期开荒烧山烧田埂，以及清明祭祖等人为野外用火行为增多，野外火源频繁。一旦出现山火火情，气候环境条件的助燃特性，使得火势进一步加大发展与蔓延，造成大范围的山火事故。

为进一步分析一日内不同时间的山火和跳闸的时间分布特性，对历史监测火情数据和山火跳闸数据按照小时进行统计，如图5-9所示。白天时段山火发生与跳闸呈现先增大后缓慢下降的趋势，在15时附近达到爆发高峰，伴随的是跳闸次数也不断增加。随着时间继续推移太阳高度角不断增大，气温回升增快，植被的含水量与空气湿度有所下降，遇到火源后容易着火且蔓延的速度较快。且中下午时段人为活动最为频繁，制造的人为野外火源加剧了山火灾害的发生。

经过一天的暴晒，空气湿度与植被含水率达到最低，地表孕灾环境良好。加之大气的保温作用，下午至夜间时段地表温度下降缓慢，因此与早晨相比，傍晚时段仍存在较高的山火风险。

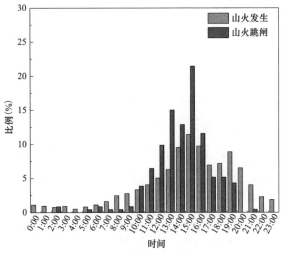

图 5 - 9　山火受灾日分布

（3）空间分布特性。历史火点密度可以反映研究区域近年来山火发生的空间分布规律。本文采用地理信息软件 ArcGIS 核密度分析工具，求解计算了历史火点密度。

可以发现研究区域的中部，以及东北部区域存在历史山火高发区。山火的发生和发展受到气候、地表环境和人为等诸多要素的影响。研究区域中部为重要林区，而东部和东北部地区也同样植被茂盛，地形地貌复杂多变，人口分布较少。这些区域防火设施尚不完善、地表植被管理缺陷，加之当地耕作、祭祖等野外用火行为等诸多要素共同作用造成了山火与跳闸高发的局面，因此在未来扩建电网的时候，架空输电线路应尽可能避开这些山火高发生区域，或者改用地下电缆进行电能传输。

（4）跳闸故障特性分布。为进一步分析不同电压等级输电线路抵御山火灾害的能力，对历史跳闸数据中按照电压等级进行跳闸次数与重合闸成功概率进行统计，结果见表 5 - 4。

表 5 - 4　　　　　　　　各电压等级输电线路山火跳闸故障特性

线路等级（kV）	跳闸次数	重合闸成功率（%）
35	9	100

线路等级（kV）	跳闸次数	重合闸成功率（%）
110	70	45.58
220	130	44.18
500	98	24.42

五年期间 35kV 线路因山火发生跳闸事件仅发生 9 次，这主要是因为 35kV 多为城市和城市近郊的供配电线路，只有极少部分线路区段暴露在风险区域范围内。大部分配电线路下垫面的植被覆盖率和树高远不如人烟稀少的山区，且发生火灾后容易被当地居民发现而及时采取扑救措施，因此受山火灾害影响较小。并且配电线路山火跳闸通常都是由于下垫面植被和杂物燃烧过程中产生的烟气和高温诱发的放电引起的，具有较强的随机性，因此 35kV 线路重合闸成功率较高。

此外，历史跳闸线路中 220kV 和 500kV 线路占比较大，分别达 42.35% 和 31.92%。这是因为随着电压等级的提高，线路穿过人烟稀少山林的比重加大。一旦发生山火，山火可能经历长达数小时持续燃烧，因此引起跳闸的概率大大增加。并且随着线路电压等级提高，线路的自动重合闸成功率逐渐下降，500kV 跳闸线路重合闸成功率仅有 24.42%。

作为连接电源侧与用户侧的重要通道，电压等级越高，输电线路的传输容量与输送能力也随之升高。与此同时，一旦高电压等级输电线路承灾，带来电力供应中断影响与运行维护成本也将增大。因此在实际运维中，对不同电压等级下的输电线路应提出差异化的防治办法，对于高电压等级的输电走廊出现的山火事件要尽可能坚持宁可错报，也不可漏报的原则，便于运维和调度人员灵活采取救援措施，避免跳闸带来的电力中断和重合闸失败对电力系统的冲击。

输电线路发生山火跳闸故障后，根据故障类型进行了统计，见表 5-5。其中，以单相接地故障占比最大，高达总跳闸事故的 74.64%。这主要是因为当山火蔓延至输电线路下方植被时，在树木高度的加成作用下，山火燃烧高度被大大提升，导致导线下方空气间隙容易被火焰桥接。即便是空气间隙被火焰部分桥接，部分净空绝缘距离较小的导线在火焰等离子体的高导电率作用下，也极易与高大树木形成导电通道，引起单相接地短路故障。仅当火焰全部桥接导线，或者极度大的浓烟作用下，才有可能引起两相和三相的相间短路。因此，在电力系统山火灾害防治过程中，应重点考察输电走廊通道内的植被生长情况，根据电压等级规范化最高植被高度，定期清理输电走廊植被，严防山火条件下导线对地放电造成的短路跳闸事故。

表 5-5　　　　　　　　　　　　山火跳闸故障相别特性

故障类型	单相	两相	三相
故障次数	209	65	6

2. 输电线路山火告警指标选取

对卫星监测到的火点，应快速计算其对输电线路形成的告警，并第一时间提醒线路维护人员采取现场处置措施。为重点防范可能诱发输电线路跳闸事故的火情，综合评估该火情的可信度以及可能对电力系统造成的危害程度，差异化、精细化地发布告警信息。选取火点监测时段、火点可信度、线路电压等级、火点距离线路远近和线路绝缘击穿风险作为评价因子，综合评估输电线路山火告警等级。

（1）火点监测时段。白天工作时段人口活动频繁，山火高发，告警条件设置应更为严苛；而夜间时段，山火火情逐渐减少，且开展救援需保障输电运维人员工作负担与人身、设备安全，告警条件较为宽松。根据山火跳闸时间分布规律，设置白天时段（9：00～21：00）值班，夜间时段（21：00～次日 9：00）24h 值班。

（2）火点可信度。由于卫星遥感监测山火是基于多通道传感器亮温判识算法，部分常年高温热源、水体反射、云层移动等特殊情况对监测结果存在一定干扰。依据遥感监测火点附近的下垫面状况（工厂、光伏板、湖泊等）、实时云图等对火点进行可信度分析，判断卫星实时监测到的火点的可信度。

（3）线路电压等级。随着电压等级的升高，线路抵御山火侵略的能力下降，重合闸成功概率不断下跌，且高压线路跳闸对整个电力系统的波动与损害更大。告警条件更为严苛。根据山火跳闸线路统计分布，普通时期设置为 500kV 及以上线路与 500kV 以下线路，山火高发期设置为 500kV 及以上线路、220kV 线路与 110kV 及以下线路。

（4）火点距离线路远近。距离输电线路大于 3km 的火情通常不会对电力系统造成危害。因此，依据防山火工作经验，500kV 及以上输电线路以 1.5km 以内、1.5～3km 为告警划分依据，500kV 以下输电线路以 1km 以内、1～2km、2～3km 作为划分依据。

（5）线路绝缘击穿风险。依据输电线路激光点云与气象信息，通过绝缘间隙击穿模型判断火点所在输电线路区段的绝缘击穿风险。将绝缘击穿风险值划分为低风险、中风险、中高风险和高风险。

3. 输电线路山火综合告警模型

（1）山火综合告警模型构建。选择了火点监测时段、火点可信度、线路电压等级、火点距离线路远近和线路绝缘击穿风险 5 个指标，构建山火综合告警等级 F：

$$F=\omega_1 X_1+\omega_2 X_2+\omega_3 X_3+\omega_4 X_4+\omega_5 X_5 \tag{5-1}$$

式中　X_1、X_2、X_3、X_4、X_5——火点监测时段、火点可信度、线路电压等级、火点距离线路远近和线路绝缘击穿风险指标；

ω_1、ω_2、ω_3、ω_4、ω_5——各指标的权重。

考虑到决策者对于不同山火综合告警指标的侧重点不同，进而影响到告警等级信息的发布。为此，集结若干名电力系统防灾减灾专家对各指标的重要性进行评估打分，并采用层次分析法确定各个指标的综合权重。最终获得的山火综合告警等级 F 为

$$F=0.1X_1+0.2X_2+0.2X_3+0.25X_4+0.25X_5 \tag{5-2}$$

（2）输电线路山火综合告警策略。根据统计分析的山火发生与跳闸事时间分布特性，重点关注每年与每日山火高发时段的火情热点。为区分春节、清明节期间等山火高发期与普通时期的区别，更好应对不同时期的山火监测预警工作，提高山火告警信息发布的效率和准确率，划分两种不同时期的山火告警策略。根据山火跳闸时间分布规律，设置 10 月～次年 5 月为山火高发时期；6～9

月为普通山火时期。综合告警指标分级见表5-6。

表5-6　　　　　　　　　　综合告警指标分级

告警等级	一级	二级	三级	四级
监测时段	夜间			白天
火点可信度	低可信度			高可信度
电压等级	35kV及以下	110kV	220kV	500kV
距离线路远近	3km以外	2~3km	1~2km	1km以内
线路绝缘击穿风险	低风险	中等风险	中高风险	高风险

5.2.4　电网山火灾害多维度分析及辅助决策支撑平台

建成电网灾害综合监测预警平台：围绕"灾害预测、灾情监测、设备预警、抢修调配"四大研究方向，融合电网生产、运行、监测、气象、地理等多源信息，应用大数据、物联网、移动互联网等技术，建成了包括山火、台风、覆冰、雷电等模块的灾害综合监测预警系统及App，现已成为公司防灾应急的主要辅助决策系统之一，在公司应急指挥中心、生产技术部、系统运行部、供电局等多个层面得到广泛应用。在系统中建立了高频山火监测告警、山火条件下线路跳闸风险评估、输电线路防山火差异化运维策略、山火隐患分布精准评估等模型，形成了电网山火灾害多维度分析及辅助决策支撑平台。

（1）高频山火监测告警模型。首创复杂气象、地理环境下的卫星山火变时空尺度判识方法，结合具有前端山火智能识别功能的高精度山火监测装置，研发了输电线路高频山火监测告警模型，实现卫星遥感、在线监测联动山火告警，提升山火监测告警水平，如图5-10所示。

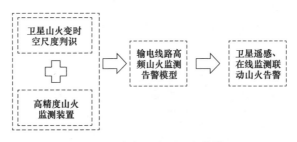

图5-10　高频山火监测告警模型

（2）山火条件下线路跳闸风险评估模型。开展海拔、植被类型、电压等级（导线参数）、植被湿度等因素对输电线路长间隙击穿特性的影响规律研究，建立了火焰通道分段的架空线路跳闸概率模型，实现山火条件下线路跳闸风险准确判断，指导山火条件下跳闸线路故障处理，如图5-11所示。

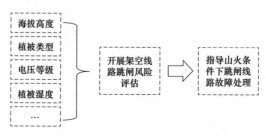

图5-11　山火条件下线路跳闸风险评估流程

（3）输电线路防山火差异化运维策略。通过识别典型山火致灾的树种类型，结合绝缘击穿模型，开展山火监测告警，绘制山火风险等级分布图，指导班组有针对性开展防山火运维，如图5-12所示。

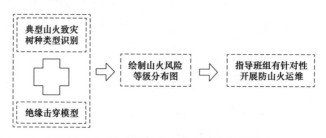

图5-12　输电线路防山火差异化运维策略

（4）山火隐患分布精准评估模型。根据可见光影像、激光点云、数字高程等多源时空地理信息数据，开展重要输电通道山火隐患精准评估，确定山火跳闸隐患区段，科学指导树障隐患清理，如图5-13所示。

图5-13　山火隐患分布评估模型

5.3　系　统　应　用

本书研发的输电线路山火监测与决策支持系统，其工作成效主要集中在以下 6 个方面：

（1）积极参与公司防山火应急指挥，全过程监测告警山火对电网的影响，共发布监测告警短信 4745 条，山火告警准确率达 90.8%，定位误差小于 100m，有效降低线路山火跳闸风险。

（2）研制高精度山火在线监测装置，实现局部区域山火准确监测，并面向全南网推广应用，装置应用规模达 18259 套，为山火应急指挥提供了及时、准确的监测信息。

（3）基于空地融合的广域电网山火监测网，实现卫星遥感、在线监测联动山火告警，共确认告警 4308 回，为相关部门和供电局的运维抢修工作提供了参考。

（4）通过及时告警线行下方山火，共辅助调度主动降压运行或停电避火 292 条次，其中 ±800kV 线路 10 条次、±500kV 线路 22 条次、500kV 线路 56 条次、220kV 线路 30 条次、110kV 线路 21 条次、35kV 线路 8 条次，助力西电东送主通道及关键重要线路安全稳定运行，确保供电紧张形势下广东省电力可靠供应。

（5）通过绘制南方电网山火分布图，共梳理山火隐患区段 5248 处，全线巡视改为区段巡视，指导供电局开展防山火差异化运维。

（6）对重要输电通道进行输电线路山火隐患精准评估，确定发生山火导致线路故障跳闸通道长度，指导运维单位开展有针对性隐患清理工作。

5.4　本　章　小　结

（1）建立了数据融合度最深、技术集成度最高、功能实用性最强的输电线路山火监测与决策支持系统，基于生产监控指挥系统，充分接入融合电网管理平台、调度、在线监测等系统应急相关信息，以"应急一张图"的形式实现"灾前防、灾中守、灾后抢"全过程的应急信息可视化展示，极大提升公司防山火应急处置水平。

（2）基于多类型灾害因子对电网多源异构数据进行了有效融合，接入电网生产、调度、监测、气象等七大类系统信息，基于电网拓扑和精细化地理网格信息进行了多源异构数据的强耦合，实现了各类数据横向打通纵向贯穿的动态联动，为防山火应急各项场景应用奠定了坚实的数据基础。

（3）建成了电网山火灾害多维度分析及辅助决策支撑平台，采用先进的微服务分布式架构，应用了电网精细化气象监测网、高频山火监测告警、山火条件下线路跳闸风险评估、输电线路防山火差异化运维策略、山火隐患分布精准评估等技术，构建了输电线路山火智能监测告警与辅助决策支撑平台。

（4）实现了基于电网地理信息的高交互动态可视化综合展示，以电网地理信息为基础，建立了电网、监测、气象、地理等 35 类图层，实现了非同级图层的多重组合关联分析，对于具有山火时序过程分析特点的信息进行动态联动展示，实现了对山火灾害全景信息的高交互动态实时展示。

第6章 结论与展望

本书通过研究空地融合的广域电网高频山火监测告警技术，及时精准预警山火火点；开展山火条件下架空输电线路长间隙绝缘失效机理研究，建立分段式间隙击穿电压计算模型与风险评估模型；研究输电线路山火隐患精细评估技术，创建"树种-火焰-放电"的输电线路绝缘击穿风险模型，提高电网抵御山火灾害的能力，为重要输电通道的山火风险评估提供参考。所得主要结论如下：

（1）由于我国地理高程差较大且地形起伏多变，现有卫星遥感山火监测技术易受定位偏移影响。为准确获取山火发生的精确位置，减少山火漏告警数量，可采用卫星山火精确定位校正方法减小定位偏差。空间阈值法和时序法相结合的变时空尺度卫星遥感山火判识方法，既可实现微弱热点的判识和火情发展初期的热点及时发现，又能跟踪火势变化，实现火情及时发现和动态监控。

（2）电网山火跳闸时空分布具有较强的季节性特点。初春的2～4月是跳闸事故的频发时期，且山火跳闸集中发生在每日中午时段；地理分布上，中西部电网山火跳闸数量最多。影响山火条件下架空输电线路跳闸的影响因素包括间隙长度、气象条件、线路因素、地理条件、火灾情况。典型的高风险植被为速生桉、云南松、水杉、茅草、灌木。火焰全桥接时的平均击穿电压梯度在60kV/m左右。海拔因素对间隙击穿特性的影响主要在非火焰区和植被燃烧情况这两部分。植被类型对间隙击穿特性的影响主要体现在火焰主体部位。植被绝对湿度与火焰全桥接时的间隙击穿电压的大小呈线性关系，植被湿度越高，间隙击穿电压越低。在纯空气间隙和山火间隙下，导线分裂数的改变对间隙击穿特性的影响很小，在预测模型中可不考虑。在不考虑温度的影响下，纯烟雾对间隙绝缘水平降低的程度可以取为16％。将植被火条件下的火焰间隙分为火焰连续区、火焰非连续区和烟雾区的间隙击穿电压计算模型，能够准确计算山火条件下的输电线路跳闸风险和击穿电压。

（3）山火隐患精准识别，以直升机和无人机航拍可见光影像、激光点云、数字高程等多源时空地理信息数据为基础，建立了深度学习自适应模型，在自动提取线路与植被空间距离等输电线路绝缘空间信息的基础上，实现下面桉树、松树、杉树、灌木等典型山火致灾的树种类型和特征的分割与分类，树种识别准确率达 89.5%。在此基础上开发输电线路隐患分布图绘制软件，以关键重要线路及重要输电通道为示范，国内首次开展输电线路山火风险评估，通过采取"清理＋监测"手段进行精准防控，及时清理威胁线路运行安全的隐患点，保障关键重要线路安全稳定运行。开展了空地融合的广域电网高频山火监测告警技术研究，首创了复杂气象、地理环境下的卫星山火变时空尺度判识方法，研制了多参量融合的高精度山火监测装置，研发了输电线路山火监测与决策支持系统，实现卫星遥感、在线监测联动山火告警，提升山火监测告警水平。

继续深化对 3000m 以上海拔、45°以上坡度及烟雾条件下山火短路击穿机理研究，构建超、特高压直流线路山火绝缘失效机理与风险评估模型，研究山火火焰与烟雾形态与运动规律，研究电网超、特高压直流线路山火降压运行阈值计算方法，不断优化现有山火跳闸风险评估模型，提升评估准确性；开展电网山火监测多源异构数据采集与分析研究，构建精细化空间尺度下的气象-地理-设备融合的输电走廊山火监测综合数据库，开展基于卫星、无人机、图像视频等监测手段山火联动告警及快速处置策略研究，提升山火监测告警准确性；研究多火点、大面积火灾条件下电网故障暂态特征与故障参数辨识方法，开展电网故障暂态发展快速分析技术研究，研究大规模山火条件下电网应急处置策略，全面提升山火防控水平。

参 考 文 献

[1] 黄道春，范建斌，王平，等. 极端环境条件下输变电设备空气间隙绝缘特性研究现状及展望 [J]. 高电压技术，2023，49（5）：1892-1906.

[2] 黄道春，陈鑫，周恩泽，等. 考虑火焰分区的植被火条件下导线-板间隙击穿电压研究 [J]. 电网技术，2023，47（8）：3467-3474.

[3] 周恩泽，樊灵孟，黄道春，等. 2013 m 海拔高度植被火条件下导线-板间隙击穿特性 [J]. 高电压技术，2022，48（11）：4316-4322.

[4] 黄道春，卢威，姚涛，等. 植被火条件下导线-板短空气间隙泄漏电流特性研究 [J]. 电工技术学报，2019，34（16）：3487-3493.

[5] Work Group B2.45 Technical Brochure 767. Vegetation fire characteristics and the potential impacts on overhead line performance [R]. CIGRE，2019.

[6] 周志宇，艾欣，陆佳政，等. 山火灾害引发的输电线路跳闸风险实时分析方法及应用 [J]. 中国电机工程学报，2017，37（18）：5321-5330+5531.

[7] Liu Y，Li B，Wu C，et al. Risk warning technology for the whole process of overhead transmission line trip caused by wildfire [J]. Natural Hazards，2021，107（1）：195-212.

[8] 周恩泽，樊灵孟，黄勇，等. 基于火焰燃烧模型的输电线路山火跳闸风险分布评估 [J]. 电网技术，2022，46（07）：2778-2785.

[9] 文刚，周仿荣，钱国超，等. 基于分治思想及火焰燃烧模型的输电线路跳闸风险评估方法 [J]. 昆明理工大学学报（自然科学版），2023，48（06）：66-77.

[10] 刘辉，杨韬，林济铿，等. 山火条件下输电线路跳闸概率计算 [J]. 中国电力，2022，55（03）：125-133.

[11] 黎鹏，阮江军，黄道春，等. 典型植被火焰下导线-板间隙击穿特性及放电模型研究 [J]. 中国电机工程学报，2016，36（14）：4001-4011.

[12] 王正非. 通用森林火险级系统 [J]. 自然灾害学报，1992，（03）：39-44.

[13] Rothermel，Richard C. et al. A mathematical model for predicting fire spread in wildland

fuels [J]. Usda Forest Service General Technical Report，1972，115.

[14] Li，Han，Liu，Naian，Xie，Xiaodong，et al. Effect of Fuel Bed Width on Upslope Fire Spread：An Experimental Study [J]. Fire technology，2021，57（3）：1063 – 1076.

[15] Li Jinsong，Chen Jie，Yu Hua. Wildfire monitoring technologies of transmission line corridors based on Fengyun – 3E satellite imaging [J]. Frontiers in Energy Research，2023，11.

[16] 周游，隋三义，陈洁，等. 基于 Himawari – 8 静止气象卫星的输电线路山火监测与告警技术 [J]. 高电压技术，2020，46（07）：2561 – 2569.

[17] 舒胜文，张深寿，许军，等. 基于新一代天气雷达组网监测的输电线路山火自动识别算法研究 [J]. 中国电机工程学报，2020，40（13）：4200 – 4210.

[18] 刘毓，陆佳政，罗晶，等. 架空输电线路山火同步卫星广域监测与杆塔定位 [J]. 电网技术，2018，42（04）：1322 – 1327.

[19] 刘淑琴，卢骏晗，周恩泽，等. 架空输电线路精细化山火监测告警技术 [J]. 广东电力，2022，35（06）：99 – 106.